자동차산업의 패러다임 전환

전기자동차가
다시
왔다?!

일러두기

1. 책 이름은 『 』로, 논문과 보고서, 법령 등은 「 」로, 신문과 잡지 이름은 〈 〉로 구분했다.
2. 외래어는 주로 국립국어원의 외래어 표기에 따라 표기했다.
3. 본문에 인용한 참고 자료는 책 말미에 각 장 별로 정리했다.
4. 이어서 본문에 인용한 그림(사진) 출처를 정리하여 실었다. 자유 이용 저작물은 따로 표기하지 않았다.

자동차산업의 패러다임 전환

전기자동차가 다시 왔다?!

초판 2쇄 발행일 2023년 3월 3일
초판 1쇄 발행일 2023년 1월 5일

지은이 박근태
펴낸이 이원중

펴낸곳 지성사 **출판등록일** 1993년 12월 9일 **등록번호** 제10-916호
주소 (03458) 서울시 은평구 진흥로 68, 2층
전화 (02) 335-5494 **팩스** (02) 335-5496
홈페이지 www.jisungsa.co.kr **이메일** jisungsa@hanmail.net

ⓒ 박근태, 2023

ISBN 978-89-7889-514-9 (03500)

이슈로 세상 읽기!

자동차산업의 패러다임 전환

전기자동차가 다시 왔다?!

박근태 지음

지성사

차례

1부
자동차와 자동차산업의 등장과 발전

2부
전동화와 전기자동차

최초의 자동차는 어떤 차일까? 벤츠의 파텐트 모토바겐Patent-Motorwagen?
벤츠의 파텐트 모토바겐은 최초의 자동차가 아니라 최초의 실용적인
내연기관 자동차(이후로는 '내연기관차'로 표기한다)일 뿐이다. 최초의 자동
차도, 최초의 실용적인 자동차도 내연기관차가 아니라 증기자동차였다.
산업혁명의 동력기관이었던 증기기관을 이용한 증기자동차가 가장 먼
저 등장한 것은 당연하지 않은가? 최근 들어 부각되고 있는 전기자동
차도 내연기관차보다 먼저 등장했다. 그런데 왜 벤츠의 파텐트 모토바
겐이 최초의 자동차로 알려졌을까? 경쟁에서 내연기관차가 승리해 자
동차산업의 지배자가 되었기 때문이다. 자동차산업에서도 승자 위주로
역사가 쓰인 것이다.

자동차산업의 성립은 사회 변화와 기술 발전, 행위자들의 경합이 상호작용한 결과

그럼 왜 가장 나중에 등장한 내연기관차가 경쟁에서 승리했을까? 성능이 뛰어나서? 아니다. 사회 환경 변화와 기술 발전, 행위자들의 경합이 상호작용한 결과이다. 자동차의 대중화가 가장 먼저 진행된 미국을 사례로 살펴보자.

1901년 텍사스에서 거대한 유전이 발견되고, 1905년 가솔린이 싸고 구하기 쉽게 되면서 내연기관차의 주유 편의가 향상되고, 운용비용이 낮아졌다. 그리고 1920년대까지 미국은 장거리 도로 시스템이 개선되면서 더 긴 항속거리[1]와 더 빠른 속도, 편리한 주유 인프라를 갖춘 내연기관차에 유리한 환경이 조성되었다. 또한 기술 발전으로 시동의 어려움 등 내연기관차의 단점이 보완되어 갔다. 결정적으로 포드가 성능이 우수하면서도 저렴한 내연기관차를 대량 생산해 대중차 시장을 개척했다.

그렇다면 포드는 어떻게 자동차를 대량으로 생산할 수 있었을까? 컨베이어를 도입해서? 아니다. 모델 T가 대량으로 판매되었기 때문이다. 그럼 모델 T는 왜 대량으로 판매되었을까? 성능이 대중에게 적합하며 우수했고 가격이 저렴했기 때문이다. 자동차가 부자들만의 사치품이던 시절에 포드는 왜 우수하면서도 저렴한 차를 만들었을

---

1   한 번 실은 연료만으로 계속 운행할 수 있는 최대 거리

까? 대중을 위한 차를 만들겠다는 신념 때문이었다. 포드는 대중을 위한 다목적 교통수단이라는, 새로운 가치 제안으로 시작해 제품 혁신과 생산 혁신을 이루었고, 이를 바탕으로 현대적인 자동차산업이 성립되었다.

포드에 의해 자동차산업에서 창출된 대량 생산시스템과 노동 방식은 다른 산업으로 확산되었고, '대량 생산, 대량 소비'는 현대사회의 지배적인 규범으로 발전하게 되었다. 이렇게 자동차산업은 현대의 경제·사회·문화 전반에 지대한 영향을 미쳤다.

자동차산업에서 근본적인 변화가 진행되고 있다

현재 시가 총액이 가장 큰 자동차기업은 어딜까? 그렇다, 테슬라다. 2021년 10월 25일 기준 테슬라의 시가총액은 1조 100억 달러로 도요타, 폭스바겐, GM, 포드, 스텔란티스, 혼다, 닛산, 르노 등 미국 증시에 상장된 8개 자동차 업체의 시가총액을 합한 7042억 달러보다 43퍼센트 높은 수준을 기록했다. 도요타는 지난해(2021년) 미국 시장에서 총 233만 2000대를 판매해 GM(221만 8000대)을 앞질렀다. 오랫동안 세계 1위 자동차기업이었던 GM이 이제 본국에서도 2등으로 전락한 것이다. CES 2022에 참석한 현대차그룹 정의선 회장은 자동차가 아니라 로봇과 함께 등장했다. 자동차산업에 거대한 변화가 일어나고 있는 것이다.

왜 이런 변화가 일어나고 있을까? '현실판 아이언 맨' 일론 머스크 때문에? 아니면 이른바 '4차 산업혁명' 때문에? 아니다. 자동차산업에서 근본적인 전환이 진행되는 이유는 현재의 체제가 더 이상 지속 가능하지 않기 때문이다.

전문가들도 실시간으로 동향을 추적하기 벅찰 만큼 빠르고 깊고 다양하게 진행되고 있는 변화의 핵심은 사회 변화와 기술 변화, 행위자들의 경합이 복합되어 진행되는 '자동차산업의 패러다임 전환'이라는 점이다. 우선 자동차산업 전환의 배경에는 사회의 변화가 있다. 기후 위기에 대한 우려가 고조되면서 친환경성이 강조되고 자동차 배기가스에 대한 규제가 강화되고 있으며, 더 나아가 내연기관차의 판매를 제한하고 전기자동차의 판매를 장려하는 국가들이 늘어가고 있다. 거대 도시로 인구가 집중되고, 소득 구조가 악화되고, 공유경제가 확산되면서 자동차에 대한 개념이 변하고 있다.

그리고 디지털화의 확산이라는 기술 환경의 변화와 이차 전지 기술 및 정보통신기술 등의 발달은 자동차산업에서 제품과 생산시스템의 변화를 촉진하고 있다. 이런 사회 변화와 기술 변화에 대응하면서 자동차산업의 주도권을 유지·쟁취하려는 각국 정부의 산업정책과 자동차기업들의 경합이 결합되어 현재의 변화가 진행되고 있는 것이다.

자동차산업의 패러다임 전환,
무엇이 어떻게 변한다는 것일까?

산업의 패러다임[2]이 변한다는 것은 산업의 가치 제안과 지배 제품, 생산시스템, 그리고 경쟁력의 원천이, 따라서 산업생태계가 근본적으로 바뀌는 것이다. 먼저, 자동차 회사의 가치 제안이 변하고 있다. 소비자를 만족시키는 자동차라는 제품을 제공하는 것에서 소비자를 만족시키는 이동 서비스[3]를 제공하는 것으로 발전하고 있으며, 이에 따라 사업 모델 혁신도 추구되고 있다. 이제 경쟁력의 원천은 제품과 제품의 제조 능력뿐만 아니라 서비스 플랫폼과 이의 운영 능력으로 확장되어 갈 것이다.

둘째, 자동차라는 제품 관점에서 자동차산업 패러다임 전환은 이전과는 근본적으로 다른 제품이 주류가, 지배적인 제품이 되는 것이다. 이러한 변화는 흔히 CASE(Connected[연결], Autonomous[자율], Shared[공유], Electric[전기])로 집약되는데, 동시에 진행되고 있지만 각 차원의 진행 속도에는 차이가 있으며, 전동화가 가장 빠른 속도로 진행되고 있다.

---

2 고려대 한국어대사전의 풀이에 따르면, 한 시대의 사람들의 견해나 사고를 근본적으로 규정하고 있는 인식의 체계 또는 다양한 사물에 대한 이론적인 틀이나 구조를 뜻한다. 미국의 과학사가 쿤[Kuhn, T. S]이 그의 책 『과학 혁명의 구조』(1962)에서 제시한 개념이다.

3 이동 서비스 또는 서비스로서의 이동성[MaaS: Mobility as a Service]을 뜻한다. 다양한 형태의 교통서비스를 사용자의 필요에 따라 접근할 수 있는 단일 이동 서비스로 통합하여 제공한다.

자동차의 주류가 내연기관차에서 전기자동차로 변화하고 있으며, 나아가 스마트폰처럼 소프트웨어에 의해 구동되고 차별화되는 '소프트웨어 정의 자동차'[4]로 진화하고 있다.

셋째, 제품 혁신과 생산기술 발전은 생산시스템의 진화를 촉진하는데, 현재 이 진화는 노동이 아니라 기술을 중심으로, 기술 편향적으로 진행되고 있으며, 기술 시스템을 변화시키고 있지만 아직 생산직 노동자들의 기본적인 작업 방식이나 작업 조직에는 본질적인 변화가 없다.

넷째, 자동차산업의 전체 가치사슬이 재구성되고 있다. 자동차의 지능화, 전동화, 경량화로 자동차산업은 전자 및 정보통신산업, 화학·전지산업, 소재산업과의 융·복합화가 가속되고 있고, 이에 따라 부품 공급망이 대폭 변화하고 있으며, 산업생태계가 확장되고 있다.

마지막으로 산업 패러다임 전환으로 자동차산업에 구조 변화가 발생하면서 인수·합병 및 사업 분할, 생산 거점 조정 등 구조조정과 주요 행위자들의 합종연횡이 활발히 진행되고 있다.

이상의 내용을 요약하면, 다음 〈표 1〉과 같다.

---

4 소프트웨어 정의 자동차Software Defined Vehicle: SDV 란 소프트웨어로 정의되고 차별화되는 자동차이다. 소프트웨어가 자동차의 주행 성능은 물론 편의 기능, 안전 기능, 심지어 차량의 감성 품질까지 규정한다.

표 1 자동차산업의 패러다임 성립과 전환

	자동차산업 초기	산업 패러다임 성립	산업 패러다임 전환
시작	증기자동차(1878~) 전기자동차(1881~) 내연기관차(1886~)	1908~ 모델 T 출시	2012~ 모델 S 출시
가치 제안	부자들의 사치품, 호화 장난감	다목적 대중용 교통수단	이동 서비스
지배 제품	-	내연기관차	전기자동차
생산시스템	장인(수공업) 생산	대량 생산	생산시스템 지능화
경쟁력 원천	제품	제품과 제조 능력	서비스 플랫폼과 운영 능력
주요 연관 산업	마차 제조, 자전거 산업	기계 산업	전자 및 정보통신, 화학·전지, 소재산업

'사회적으로 바람직한 전환'과 이 책

현재 진행 중인 자동차산업의 전환은 사회 전환의 일부이다. 자동차 대중화가 우리 삶과 사회에 커다란 변화를 가져왔듯이 자동차산업 패러다임 전환도 우리 삶과 사회에 막대한 영향을 미칠 것이다.

이렇게 중요한 변화가 일부 자동차기업과 이해관계자들을 위해서만 진행되어서도 안 되고, 소수에 의해서만 결정되어서도 안 된다. 사회적으로 바람직한 전환이 되어야 한다.

이를 위해 사회적으로 공론화하여 사회가 지향해야 할 가치에 대한 공감대를 형성하고, 이 가치를 실현하기 위한 방안을 강구해야 한다. 사회적으로 바람직한 전환이 되도록 지혜를 모으고 노력을 기울여야 할 것이다. 그 출발은 일부 전문가만이 아니라 좀 더 많은 사람이 현재 진행되고 있는 자동차산업 패러다임 전환에 대해 이해하는 것이다. 이 책은 현재 진행 중인 자동차산업의 패러다임 전환을 올바르게 이해하기 위해 필요한 기본 관점과 지식을 제공하기 위해 집필되었다.

'1부 자동차와 자동차산업의 등장과 발전'에서는 초기 자동차의 등장과 경쟁, 자동차산업의 성립, 그리고 자동차와 생산시스템의 발전을 다룬다. 지나온 역사를 살펴보는 것이 불확실한 미래를 조망하는 데 큰 도움이 되기 때문이다. 흔히 지금의 모습에 비추어 예전 자동차와 자동차산업이 지금과 유사했을 것이라 생각하지만, 사실은 그렇지 않았다. 다양한 가능성이 열려 있는 상황에서 사회 환경 변화와 기술 발전, 행위자들의 경합이 상호작용해 현재와 같은 자동차와 자동차산업을 만들어낸 것이다. 현재 진행 중인 자동차산업의 패러다임 전환을 이해하기 위해서는 자동차산업의 패러다임 성립 과정을 먼저 살펴봐야 한다.

'2부 전동화와 전기자동차'에서는 현재 진행 중인 자동차산업 패러다임 전환 중 가장 빠르게 진행되고 있으며, 사회적으로 가장 중요한 전동화와 그 전동화의 핵심에 있는 전기자동차에 대해 다룬다. 현재 진행 중인 전동화는 기술이 아니라 사회에 의해 주도되고 있으며, 기후 위기 대응과 에너지시스템 전환이라는 맥락에서 이해해야 한다.

단지 자동차의 주류가 전기자동차로 바뀌는 것으로 협소하게 이해해서는 안 된다.

또한 2부에서는 전기자동차가 내연기관차와 본질적으로 어떻게 다른지, 그래서 생산시스템에 어떤 변화를 가져오는지를 살펴본다. 그리고 전기자동차의 핵심인 리튬이온배터리의 작동 원리부터 가치사슬까지 전반적으로 서술한다. 마지막으로 많은 사람의 주장과 생각처럼 전기자동차가 과연 친환경적인지 고찰한다.

우리나라에 정치평론가 다음으로 많은 게 자동차 전문가가 아닌가 싶다. 사회과학 분야에서도 그렇다. 자동차산업은 현대사회의 중심 산업이었고, 사회과학 연구도 가장 풍부하게 이루어진 산업이었다. 그래서 자동차산업을 연구했다는 연구자들과 정책 전문가들이 많다. 그러나 대부분은 자기 분야의 사례로 자동차산업을 연구했을 뿐이다. 그리고 그 연장선에서 자동차산업의 전환을 진단하고 정책을 제시한다. 산업에 대한 깊은 이해가 뒷받침되지 않은 진단과 처방이 과연 얼마나 타당하고 적절할까?

산업의 구조가 안정되어 있는 경화기에는 산업에 대한 이해가 부족해도, 단지 자기 분야의 사례로만 다루어도 문제가 없었을지도 모른다. 물론 나는 문제가 없었던 게 아니라 드러나지 않았을 뿐이라고 생각한다.

자동차산업이 100년에 가까운 경화기를 지나 이제 다시 유동기-혁신의 시대로 접어들었다. 특히 제품 혁신이 활발한 유동기에 산업을 살펴보려면 제품과 기술에 대한 기본적인 이해가 필요하다. 그래서 이 책에는 제품과 기술에 대한 내용이 많다. 그러나 일부 공학 전문가들을 위한 책이 아니라 대중의 이해를 넓히고자 쓴 책이므로 되도록 쉽게 이해할 수 있게 쓰고자 했다. 아무쪼록 이 책이 자동차산업의 패러다임 전환이 사회적으로 바람직한 전환이 되도록 하는 데 기여할 수 있기를 소망한다.

1부
자동차와 자동차산업의
등장과 발전

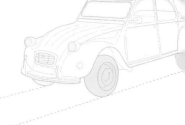

01
최초의 자동차는?

한동안 많은 자동차 전문가들조차 1886년 카를 벤츠가 발명한 파텐트 모토바겐을 최초의 자동차로 알고 있었지만 이는 사실과 다르다. 그렇다면 어떤 자동차가 최초일까? 그리고 왜 파텐트 모토바겐이 최초의 자동차로 알려졌을까? 이 질문에 바르게 답하기 위해서는 '자동차는 무엇인가'라는 질문에서 출발해야 한다. 자동차 또한 어느 날 갑자기 등장한 것이 아니라 오랜 발전의 산물이기에 자동차를 어떻게 정의하느냐에 따라 최초의 자동차가 무엇인지 달라진다. 이 장에서는 동력원별로 유형을 나누어 초기 자동차의 발전을 살펴본다.

증기자동차의 등장

자동차에 대한 가장 기본적인 정의는 사람이나 동물의 힘이 아니라 "동력기관의 힘으로 도로를 주행할 수 있는 탈것"이라 할 수 있다. 이

1769년 퀴뇨가 만든 증기 마차(재현품)

런 정의에 따르면, 최초의 자동차는 1769년 프랑스의 니콜라 퀴뇨 Nicolas-Joseph Cugnot가 만든 '증기 마차fardier à vapeur; 'steam dray''이다(《그림 1-1》). 프랑스 육군에서 화포 견인용으로 사용할 목적으로 제작된 퀴뇨의 증기자동차는 당시 증기기관의 성능이 좋지 않아 속도가 약 시속 4킬로미터에 불과했다.

이 증기자동차는 보일러가 맨 앞에 설치됐고, 앞바퀴 하나가 조향과 구동을 모두 담당하는 전륜구동 방식이었다. 그래서 달리는 방향을 조종(조향)할 때 앞바퀴와 그 앞에 설치된 육중한 보일러가 함께 움직여야 하기 때문에 조향이 매우 어려웠고, 제동장치도 없어 첫 시험 주행에서 조향 실수와 제동 불가로 한 귀족 저택의 담벼락을 들이박고서야 겨우 멈춰 섰다. 이 세계 최초의 자동차 교통사고 때문에 퀴노는 '위험한 기계장치로 대중에게 겁을 준 죄'로 2년형을 받고 수감되기도 했다.

동력기관의 힘으로 도로에서 이동할 수 있는 정도에 그치지 않고 달릴 수 있는 것을 기준으로 한다면, 최초의 자동차는 영국인 리처드 트레비식 Richard Trevithick이 1801년에 만든 증기자동차('Puffing Devil, 연기 내뿜는 악마')이다(《그림 1-2》). 이 차는 보일러와 엔진을 차 후방

그림 1-2 　트레비식이 1801년에 만든 증기 자동차 'Puffing Devil'(재현품)

에 장착했는데, 이 엔진은 첫 고압 엔진 중의 하나였다. 트레비식은 이 차로 시험 운행 첫날에 예닐곱 명을 1.5킬로미터 정도 실어 날랐고, 두 번째 날은 10킬로미터 정도를 달렸다. 이 차의 속도는 평지에서 시속 14.5킬로미터 정도였다고 하니, 퀴노의 '증기 마차'와 달리 달렸다고 할 만하다.

자동차는 단순한 탈것, 사람을 싣고 달리는 기계가 아니라 현대 인류 문명에 막대한 영향을 미친 실용적인 인공물이었다. 따라서 이러한 맥락에서 자동차의 기본 정의를 보완한다면, 자동차는 "동력기관의 힘으로 도로를 주행할 수 있는 탈것으로, 실험을 위한 제작에 그치지 않고 실용을 위해 생산된 제품"이라 할 수 있다. 이러한 보완된 정

그림 1-3 1878년 볼레가 만든 6인용 증기자동차 라 망셀(재현품)

의에 따르면, 첫 번째 자동차는 1878년 프랑스 사람 아메데 볼레^{Amédée}
Bollée가 만든 6인용 승용차 라 망셀^{La Mancelle}이다(〈그림 1-3〉). 라 망셀은 2
기통 증기기관에서 생성된 동력을 추진축과 차동기어를 통해 뒷바퀴
에 전달하는 후륜구동 방식이었고, 네 바퀴에 독립 현가장치[1]를 적용
하는 등 상당히 진보된 자동차였다. 속도는 약 시속 40킬로미터 정도
로, 100미터를 우샤인 볼트보다 빠르게 달릴 수 있는 빠른 자동차였
던 라 망셀은 연속 생산된 최초의 자동차로 총 50대가 생산되었다.

---

1 현가장치(懸架裝置, suspension)란 차량의 차대^{車臺}에 차바퀴를 고정하여 스프링 작용에
  의해 차체의 중량을 지지하고, 차량의 노면에서 발생하는 진동을 완화함으로써 차체나
  탑승자를 보호하는 장치이다.

전기자동차의 등장

전기자동차의 역사에서 첫 번째 중요한 사건은 1800년 이탈리아의 볼타^{Alessandro Volta}가 전기에너지 저장에 성공한 것이고, 두 번째 중요한 사건은 1821년 패러데이^{Michael Faraday}가 전기모터의 원리를 증명한 것이다. 이후 곧 직류 모터가 발명되었으며, 1834년에는 첫 비충전 배터리 동력 전기자동차가 제작되어 짧은 트랙에서 운행되었다.

1835년에는 네덜란드 호로닝언에서 스트라팅흐^{Stratingh}가 소형 모형 전기자동차(《그림 1-4》)를 제작했는데, 이 소형 모형 전기자동차의 무게는 약 3킬로그램이었고, 배터리가 방전되기 전에 약 20분 정도 달릴 수 있었다.

비슷한 시기(1834년과 1836년 사이)에 미국의 토머스 대븐포트^{Thomas Davenport}가 도로용 전기자동차를 제작했으며, 1837년에는 스코틀랜드 애버딘^{Aberdeen}에서 로버트 데이비슨^{Robert Davidson}이 전기 동력으로 움직이는 마차를 제작했다. 이 시기에 등장했던 전기자동차들은 전기 동력으로 움직이는 자동차들이었으나, 재충전을 할 수 있는 전지를 사용한 것이 아니어서 실용적이지는 않았다.

이후 1859년 벨기에인 가

그림 1-4 1835년 스트라팅흐가 만든 소형 모형 전기자동차

스톤 플란테^{Gaston Plante}가 재충전할 수 있는 효과적인 이차 전지인 납산 배터리를 발명했고, 1869년에는 벨기에인 제노브 테오필 그람^{Zénobe Théophile Gramme}이 1마력이 넘는 힘을 낼 수 있고, 전기 발전기로도 사용할 수 있는 직류 모터를 발명했다.

드디어 1881년 프랑스의 귀스타브 트루베^{Gustave Trouvé}가 이차 전지와 0.1마력짜리 직류 모터로, 도로 주행이 가능한 첫 전기자동차를 제작했다. 이 전기자동차는 큰 구동 바퀴 가까이 위치한 두 개의 모터들로 구동하는 방식이었으며, 무게는 160킬로그램으로 시속 11킬로미터 정도의 속도로 달릴 수 있었다(《그림 1-5》). 이 트루베의 전기 삼륜차는 시동 및 가속과 변속이 쉬웠고, 청결하고 조용하며, 신뢰할 수 있고 조종이 쉬웠다. 이 차가 최초의 실용적인 전기자동차라 할 수 있다.

초기 전기자동차의 속도는 시속 15킬로미터, 항속거리는 16킬로미터 정도에 불과해 마차와 경쟁할 수 없었고 큰 관심을 끌지 못했으나, 이후 많은 혁신이 이루어졌다. 1890년대는 전기자동차의 초기 발전에서 개화기였다. 헨리 모리스^{Henry Morris}와 페드로 살롬^{Pedro Salom}이 1896년 미국 최초의 전기자동차회사(Morris & Salom Electric Carriage and Wagon Company)를 설립했으며, 1897년에는 첫 상업용 전기자동차인 일렉트로뱃 전기 택시^{'Electrobat' electric taxicabs}를 생산하고, 뉴욕에서 전기 택시 서비스를 시작했다(《그림 1-6》).

당시 대도시에서는 전기 택시가 마차에 의한 환경오염에 대한 이상적인 해결책으로 여겨졌다. 전기 택시는 마차 택시에 비해 고가였지

그림 1-5 1881년 트루베가 만든 전기자동차

그림 1-6 최초의 전기 택시인 일렉트로뱃이 1898년 뉴욕 맨해튼 39번가에서 운행되고 있다.

만(약 3,000달러 대 1,200달러), 수익성이 더 좋았다. 전기 택시는 재충전 시간 90분을 사이에 두고 네 시간씩 3교대로 운영할 수 있었다. 혼잡한 도시에서 전기 택시는 환경 측면에서 내연기관차나 마차에 비해 유리했고, 단거리 주행과 잦은 출발과 정지도 전기자동차에 잘 맞았다. 전기 택시의 도입과 성장으로 택시 시장이 전기자동차의 중요한 시장이 되었고, 이 당시 다수 전기자동차가 택시용으로 설계되었다.

1897년에는 파리에서 다라크^{M. A. Darracq}가 최초로 회생제동을 사용하는 전기 쿠페를 제작했는데, 다라크의 회생제동 발명은 이 시절에 가장 중요한 기술적 진보였으며, 이로써 전기자동차의 항속거리를 대폭 개선할 수 있었다.

이 당시에는 스포츠 분야에서도 전기자동차가 대단한 성공을 거두었다. 1895년 5마일 경주에서 모리스와 살롬의 전기 자동차가 우승했고, 시속 100킬로미터에 도달한 최초의 차도 벨기에의 엔지니어인 카미유 제나치^{Camille Jenatzy}가 제작한 탄환 모양 전기 경주차 자메 콩탕트(La Jamais Contente: Never Satisfied, 절대로 만족하지 않는다는 뜻)였다. 이 차는 1899년 5월 1일 최고 속도 시속 106킬로미터를 기록했다. 이 차는 근본적으로 새로운 모습을 보여주었는데(《그림 1-7》), 다른 자동차들처럼 자전거나 마차가 아니라 어뢰와 같은 모양의 알루미늄·텅스텐 합금 차체가 차대 위에 올라앉은 형태로 만들어졌다. 25킬로와트(kW) 직류 전기모터 두 개가 뒷바퀴를 구동했고, 프레스로 가공된 강철 바퀴와 마찰을 줄이고 승차감을 높인 미슐랭^{Michelin}의 신형 공기 타이어가 장착되었다. 이 차에는 기계식 브레이크가 없었고 구동

그림 1-7 시속 100킬로미터에 도달한 최초의 차인 전기 경주차 자메 콩탕트

모터를 역회전시켜서 제동했다. 공차 중량은 1,450킬로그램이었는데, 그중 납산 배터리의 무게가 절반이었다.

20세기로의 전환기에 도시에서는 삶의 질에 대한 우려가 일어났다. 말은 도시 거리에 배설물 같은 문제들을 일으켰고, 내연기관차는 냄새와 소음이 심했다. 이런 문제들을 일으키지 않았던 전기자동차는 초기부터 환경친화적이라는 명성을 얻었다. 당시에 전기자동차는 시장에서 성공할 수 있는 위치에 있었다.

전기자동차는 짧은 여행에는 편리했지만, 제한된 충전 서비스 때문에 지장을 받았다. 그래서 1900~1912년 시기에는 항속거리와 성

그림 1-8 1902년 제작된 로너 포르셰 렌바겐

능을 개선하기 위한 아이디어들이 등장했다. 1900년에는 프랑스 자
동차회사 BGS^{Bouquet, Garcin & Schivre}가 배터리를 전기자동차용으로 특별하
게 설계하고 만들어서 항속거리 약 290킬로미터라는 세계 신기록을
세운 전기자동차를 제작했지만, 이는 군사용 전기자동차로 예외적인
경우였다.

이 당시 페르디난트 포르셰^{Ferdinand Porsche} 같은 혁신적인 제조업자들
도 전기자동차 개발에 나섰다. 1900년 제작된 포르셰 로너 바겐 1호
^{Porsche No. I Lohner-Wagen}는 바퀴 허브들에 두 개의 전기모터를 사용했고,
1902년 제작된 로너 포르셰 렌바겐^{Lohner-Porsche Rennwagen}(〈그림 1-8〉)은 무
려 1,800킬로그램의 배터리와 네 개의 1.5킬로와트 휠 모터로 구동되

는 사륜구동 전기자동차[2]로 장거리 경주에서 사용되었다.

1906년에는 하트포드 일렉트릭 라이트 컴퍼니Hartford Electric Light Company 가 전기자동차의 항속거리 제한과 충전 시설 미비를 극복하기 위해 배터리 교환 서비스 개념을 개발했고, GeVeCo 배터리 서비스를 통해 처음으로 실행에 옮겼다. 소비자는 제너럴 일렉트릭 컴퍼니General Electric Company의 자회사인 제너럴 비히클 컴퍼니General Vehicle Company에서 배터리 없는 차를 구매하고, GeVeCo 배터리 서비스의 배터리 교환 서비스를 통해 하트포드 일렉트릭 라이트 컴퍼니로부터 전기를 구매했다. 이 서비스는 1910년부터 1924년까지 제공되었다.

2007년 설립된 이스라엘의 벤처 신화 '베터 플레이스Better Place'가 시도했었고, 요즈음 중국에서 부각된, 그리고 한국에서도 시도되고 있는 '배터리 교환battery swap' 서비스는 그리 새로운 사업 개념이 아니며, 이미 백여 년 전에 상업적으로 운영된 바 있었던 것이다. 흔한 오해와 달리 혁신이라고 주장되는 많은 것들이 최초로 등장한 것이 아니라 잊혔다가 다시 등장한 것이다. 특히 지금과 같은 전환기에 역사를 정확하게 알아야 할 이유 중의 하나이다.

---

2 포르셰의 이 방식은 오늘날 인-휠in-wheel 모터 방식의 원조라 할 수 있다.

내연기관차의 등장

내연기관으로 작동되는 최초의 차는 1807년 스위스의 프랑수아 이삭 드 리바즈François Isaac de Rivaz가 설계하고 시험했다(《그림 1-9》). 그는 수소와 산소 혼합 기체를 연료로 사용하는 내연기관을 발명했고, 이 내연기관을 사용해 최초의 내연기관차를 만들었다. 이 차는 무게가 900킬로그램이었고, 공식 시험 때 약 시속 7킬로미터에 해당하는 속도를 냈으나 성공적이지는 못했다.

기체연료는 액체연료에 비해 에너지밀도가 낮아서 이동용 엔진의 연료로 적합하지 않았다. 액체연료를 사용하는 내연기관을 장착한

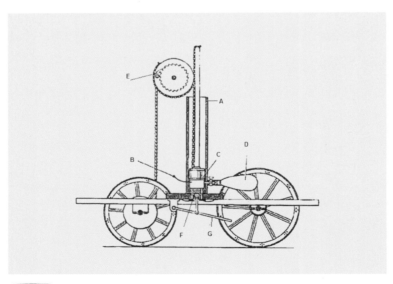

그림 1-9 1807년 프랑수아 이삭 드 리바즈가 제작한 최초의 내연기관차

첫 자동차, 실용적인 최초의 내연기관차가 바로 1886년 벤츠가 발명하고 특허를 받은, 그 유명한 파텐트 모토바겐이었다(〈그림 1-10〉, 〈그림 1-11〉 참조).

이 차에 장착된 내연기관은 수랭식 4행정 1기통 0.954리터(954cc) 엔진이었는데, 엔진 속도는 약 400RPM, 출력은 0.75마력(0.55kW)에 불과했다. 그런데도 엔진 무게는 약 100킬로그램으로 전체 차량 중량의 40퍼센트에 달했으나, 당시 기준으로는 아주 가벼운 엔진이었다. 이 차의 공차 중량은 265킬로그램이었으며, 최고 속도는 시속 16킬로미터 정도였다. 연료탱크 용량은 4.5리터였고, 리터당 약 10킬로미터를 주행할 수 있었다.

흔히 초기 자동차를 '말 없는 마차horseless carriage'라고 부르지만, 벤츠가 만든 최초의 실용적인 내연기관차는 '말 없는 마차'라기보다는 '엔진 달린 세발자전거'였다. 벤츠는 당시 판매되던 자전거 몸체의 부속들과 대량 생산되던 바퀴를 이용해 파텐트 모토바겐을 만들었다. 이 차는 2인승으로 축거는 1,450밀리미터, 뒷바퀴 윤거는 1,190밀리미터, 전체 길이는 2,700밀리미터, 전체 폭은 1,400밀리미터, 전체 높이는 1,450밀리미터였다. 오늘날의 경차(길이 3,600밀리미터, 폭 1,600밀리미터, 높이 2,000밀리미터 이하)보다 훨씬 작았고 초소형 전기자동차[3] 정도의 크기였던 것이다. 구동륜인 뒷바퀴는 지름이 1,125밀리미터로 컸

3　세보-C 스페셜 에디션의 경우, 전장 2,430밀리미터, 전폭 1,425밀리미터, 전고 1,550밀리미터, 앞바퀴 윤거 1,250밀리미터, 축거 1,575밀리미터(https://www.cevo.co.kr/vehicles/se.jsp)

그림 1-10 1886년 벤츠가 만든 파텐트 모토바겐

그림 1-11 파텐트 모토바겐을 탄 카를 벤츠(1925년 뮌헨)

고, 조향이 되는 앞바퀴는 지름이 730밀리미터로 작았다. 이 차는 실험용 차로 한 대만 만들어졌으며, 판매되지는 않았다. 파텐트 모토바겐은 현대적인 자동차는 물론, 앞서 살펴본 증기자동차 라 망셀에 비해서도 탑승 인원, 최고 속도, 현가 방식 등 모든 면에서 열등했다.

벤츠의 파텐트 모토바겐은 액체연료를 사용한 최초의 내연기관차로 역사적 가치가 크지만, 최초의 자동차도 아니고 최초의 실용적인 자동차도 아니며, 자동차 역사상 가장 중요한 자동차도 아니다. 최초의 자동차와 최초의 실용적인 자동차는 앞에서 살펴본 바와 같으며, 자동차 역사상 가장 중요한 자동차는 3장에서 살펴볼 포드의 모델 T이다.

초기 내연기관차는 엔진 시동이 불편하고 어려웠으며, 내연기관의 성능도 좋지 않았고, 변속기도 복잡하고 무거웠다. 게다가 운전자가 해야 하는 클러치, 액셀레이터와 브레이크 복합 조작 등 주행을 위한 기계 장치 조작도 어려웠고, 소음과 진동, 배기가스 등 단점이 많았다. 가장 늦게 등장했을 뿐 아니라 이런 문제들 때문에 전기자동차나 증기자동차에 비해 성능도 떨어졌던 내연기관차가 어떻게 지배적인 제품이 되었을까? 이에 대해서는 다음 2장에서 본격적으로 다룬다. 2장으로 넘어가기 전에 마지막으로 내연기관과 전기모터를 함께 장착한 하이브리드차에 대해 살펴보자.

하이브리드차의 등장

일반적으로 도요타의 프리우스가 최초의 하이브리드차로 알려져 있으나, 이는 역사적 사실과 다르다. 자동차산업 초기인 1900년경부터 이미 전기모터와 가솔린 엔진을 결합하는 하이브리드 기술이 등장하기 시작했다. 초기의 하이브리드차들은 기술적 어려움과 비싼 가격으로 인해 무대 뒤로 사라졌으나, 이후 전기전자기술이 발전하고 에너지 절약이 중요해짐에 따라 현대적인 하이브리드차가 다시 등장했다.

최초로 하이브리드차가 등장한 것은 1899년 파리 살롱에서였다. 이때 등장한 하이브리드차는 두 종류였는데, 하나는 벨기에 회사 피

1899년 파리 살롱에 등장한 최초의 하이브리드차(피퍼의 차)

퍼^{Pieper}가 만든 것이고(《그림 1-12》), 다른 하나는 프랑스 회사 베도벨리 앤드 프리스틀리 일렉트릭 캐리지 컴퍼니^{Vedovelli and Priestly Electric Carriage Company}가 만든 것이었다.

피퍼의 차는 전기모터와 납산 배터리가 작은 공랭식 가솔린 엔진을 보조하는 병렬형 하이브리드 방식이었다. 차량이 관성 주행 중이거나 정차 중일 때는 엔진에 의해 배터리가 충전되었고, 엔진 출력보다 많은 동력이 필요할 때는 전기모터가 추가 동력을 제공했다. 이 차는 첫 번째 병렬 하이브리드차였고, 오늘날 우리가 알고 있는 하이브리드차의 원조라 할 수 있다. 자동차산업 초기 내연기관 기술이 전기모터 기술보다 덜 발전되었기 때문에 전기모터를 내연기관의 성능을 보조하기 위한 목적으로 사용한 것이다.

베도벨리 앤드 프리스틀리의 차는 첫 번째 직렬형 하이브리드차로 이 회사가 상업적으로 만든 순수 전기자동차에서 파생된 차였다. 이 차는 독립적인 모터들이 두 개의 후륜을 구동하는 삼륜차였다. 이 차는 차 뒤에 견인되는 트레일러에 장착된 0.75마력 가솔린 엔진이 1.1킬로와트 발전기에 연결되어 배터리를 재충전해 항속거리를 연장하도록 하는 방식이었으며, 이른바 항속거리 연장형 전기자동차의 원조라 할 수 있다.

이후 하이브리드차는 계속 진보했다. 프랑스인 카미유 제나치는 1903년 파리 살롱에 더욱 발전된 병렬형 하이브리드차를 출품했는데, 이 차는 엔진으로부터 배터리를 충전하거나 엔진을 보조할 수 있는 14마력의 전기장치와 6마력의 가솔린 엔진을 결합시켰다. 역시 프랑스인 크리거H. Krieger는 1902년에 두 번째로 알려진 직렬형 하이브리드차를 제작했는데, 이 차는 두 개의 독립 직류 모터가 전륜을 구동하는 방식이었고, 직류 발전기에 연결된 4.5마력 알코올 점화 엔진이 납산 전지를 충전했다.

이렇게 초기 하이브리드 기술은 두 가지 방향에서 사용되었다. 가솔린 자동차 엔지니어들은 변속 과정을 생략하고 기어를 없애 작동을 편하게 하려고, 즉 전기모터가 내연기관 성능을 보조하는 일종의 자동변속기 역할을 하게 하려고 하이브리드 기술을 사용한 반면, 전기자동차 제작자들은 가솔린 엔진을 충전기로 사용해 항속거리를 연장하기 위해 하이브리드 기술을 사용했다.

성능이 약한 내연기관 엔진을 보조하거나 전기자동차의 항속거리 개선을 위해 만들어진 초기 하이브리드차는 당시의 기초적인 전기기술과 납산 전지를 사용해 기술적으로 대단히 번거롭고 무거웠으며, 결정적으로 가격이 매우 비쌌기 때문에 실패했다. 대표적인 예로, 1916년 등장한 병렬형 하이브리드차인 우즈 가솔린-일렉트릭Woods Gasoline-Electric은 제한 없는 항속거리와 조용하고 오염 없는 주행을 결합시킬 수 있었고, 따라서 이런 점에서 전기자동차나 내연기관차에 비해 강점을 갖고 있었지만, 2,650달러로 전기자동차보다 거의 1,000달러 비쌌고, 대표적인 가솔린 자동차인 모델 T보다는 2,100달러나 비쌌다. 그래서 판매량은 소량에 불과했다.

결국 초기 하이브리드차는 제1차 세계대전 후 성능이 대폭 개선된 내연기관차들과 경쟁할 수 없었다. 내연기관의 출력과 효율이 향상되고 소형화되었기 때문에 전기모터로 보조할 필요가 없어졌고, 전동 시스템을 장착하는 추가 비용과 납산 배터리와 관련된 위험이 제1차 세계대전 후 시장에서 하이브리드차들이 사라지게 된 핵심 요인이었다.

하이브리드차 개념이 다시 주목받게 된 것은 기대와 달리 전기자동차로는 에너지 절약이라는 목표를 달성할 수 없다는 것이 명확해진 1990년대였다. 전 세계 자동차 회사들이 내연기관차보다 연비를 대폭 개선한 시제품들을 제작했으나, 미국과 유럽 업체들은 양산에 이르지 못했고, 하이브리드차의 상업화에 성공한 것은 일본 업체들이었다. 1997년 도요타는 프리우스^{Prius}를, 혼다는 인사이트^{Insight}와 시빅^{Civic} 하이브리드를 출시했는데, 도요타 프리우스와 혼다 인사이트는 현대에 상업화된 첫 하이브리드차로 승용차 연비 개선 요구에 부응함으로써 역사적 의의를 가지게 되었다.

02
막내는 어떻게 제왕이 되었나?
- 내연기관차의 승리

1900년경에는 서로 경쟁 중이던 증기자동차와 전기자동차, 내연기관차가 설계나 크기, 외형, 속도, 운행거리 및 운송의 규모 면에서 서로 매우 유사했다.[1] 시장점유율은 증기자동차와 전기자동차가 엇비슷했고, 내연기관차의 비중이 제일 작았다.[2] 가장 늦게 등장했고, 시장점유율도 가장 낮았던 내연기관차가 어떻게 경쟁에서 승리해 자동차의 지배자가 되었을까? 자동차의 나라 미국을 중심으로 그 역사적 과정을 살펴보자.

---

1 1883년 드 디옹 부통De Dion & Bouton사가 만든 경량 증기자동차와 1881년 트루베가 만든 전기자동차, 1886 벤츠의 내연기관차 모두 삼륜 자전거를 기반으로 한 삼륜 자동차로 형태가 유사하다.

2 1900년경 미국 자동차의 40퍼센트가 증기자동차였고, 전기자동차는 38퍼센트, 내연기관차는 22퍼센트였으며, 1901년 뉴욕에서는 전기자동차가 50퍼센트, 증기기관차가 30퍼센트, 내연기관차를 포함한 기타 자동차가 20퍼센트였다. 1900년 미국에서 제작된 차 가운데 증기자동차가 1,684대, 전기자동차가 1,575대, 내연기관차가 963대였다.

증기자동차 – 왕이 되지 못한 장자

증기기관은 19세기 말과 20세기 초에 이미 완성 단계에 있던 믿을 만한 동력 기술이었고, 따라서 공장과 철도뿐만 아니라 도로를 정복할 가능성이 컸다. 증기자동차는 조용하고 편안하며 진동이 없고 빠르고 가격이 싸다는 장점 때문에 일반 시민용 자동차로 사용되었다. 하지만 증기자동차의 결정적인 단점은 충분한 증기기압이 형성되고 기계가 예열될 때까지 가열시간이 길다는 것과 물 소비량이 많아서 물을 보충하기 위해 자주 서야 한다는 점이었다.

일련의 혁신을 통해 프랑스는 소형 경량 증기자동차 제작에 성공했는데, 경량 증기자동차는 석탄이 아닌 파라핀이나 등유를 연료로 사용했고, 불편한 변속장치로 인해 고생할 필요도 없었으며, 1889년 레옹 세르폴레Léon Serpollet가 발명한 플래시 보일러flash boiler로 시동 시간도 5분 이내로 단축되었다.

1906년 유선형의 증기자동차 스탠리 스트리머Stanley Streamer는 미국 플로리다에서 무려 시속 205킬로미터의 속도를 기록했으며, 이 당시 증기자동차는 보일러용 물과 연료 1회 충전으로 약 100마일을 주행할 수 있었다. 그러나 증기자동차는 구식 기술이라는 부정적인 이미지를 갖고 있었다.

이 당시 증기자동차는 성능과 가격 면에서 내연기관차보다 우위에 있었지만, 증기자동차와 내연기관차는 여러 가지 공통점도 갖고 있었다. 증기자동차도 내연기관차가 가솔린을 사용하는 것과 비슷한 양의 액체를 연료로 사용했고, 내연기관차와 증기자동차 모두 물 사용량이 많았으며,[3] 충전 시설이 필요한 전기자동차와 달리 외부 기반 시설 의존도는 낮았지만, 기계 장치가 복잡해 조종하기 어려웠다.[4] 사람이 직접 조작해야 했던 작업들이 보조 기술을 통해 자동화되면서 운전자가 할 일은 줄어들었지만 대신 기계장치를 더 많이 설치해야 했다. 이로 인해 증기자동차는 가장 중요한 장점이었던 견고성과 고장이 적다는 특성을 잃게 되었다.

증기자동차가 다른 종류의 자동차와의 경쟁에서 탈락한 가장 큰 이유는 다수의 작은 업체들이 소량 생산하는 데 머물렀기 때문이다. 선도 업체였던 스탠리 모터 캐리지 컴퍼니Stanley Motor Carriage Company조차 지역 시장에 차를 공급하는 데 주로 관심이 있었고, 생산 규모와 낮은 가격보다 장인적 품질에 더 관심이 있었다.

증기자동차의 소멸에는 사회환경과 인프라, 판매 시점도 영향을 미쳤다. 1914년 발병한 전염병의 확산을 막기 위해 공공 용수통이 대부분 제거되면서 증기자동차에 필요한 물을 구하기 어려워져 사용자들은 큰 불편을 겪어야 했다. 스탠리 컴퍼니는 물을 재사용하는 응축

---

3 처음에는 내연기관차도 증발하는 냉각수를 보충해야 해서 물 사용량이 많다는 결점을 갖고 있었다. 예를 들어 벤츠 자동차는 100킬로미터마다 50리터 정도의 물이 필요했으며, 이는 가솔린 사용량보다 많았고, 증기자동차의 물 사용량과 비슷했다. 두 자동차 모두 냉각기나 응축기를 통한 냉각순환을 이용하여 이 문제를 해결했다(뫼저, 2002).

4 내연기관차는 연료 공급과 점화 및 혼합 조절이 어려웠고, 증기자동차는 증기 소모, 보일러 용수 공급 및 버너 성능 조절 사이에서 균형을 잡는 일이 매우 복잡했다(뫼저, 2002).

시스템을 2년에 걸쳐 개발하여 차에 장착했지만 많은 비용과 생산성 하락을 감수해야 했다.

1917년 제1차 세계대전에 참여한 미국 정부는 소비재 생산을 지난 3년 생산량 평균의 절반으로 제한했는데, 이는 이 기간에 새로운 시스템을 개발하느라 아주 작은 양만 생산, 판매했던 스탠리 컴퍼니에게는 아주 큰 제약이 되었다. 종전 후 스탠리 컴퍼니가 막 회복하려던 시점에 1920년 대불황으로 타격을 입었고, 결국 스탠리 컴퍼니는 재기하지 못했다.

1931년이 되어서는 마지막으로 남아 있던 도블 컴퍼니^{Doble Company}가 생산을 포기했다. 1962년 제임스 L. 둘리^{James L. Dooley}와 앨런 F. 벨^{Allan F. Bell}이 LA 모터쇼에 고성능과 고효율을 갖춘 현대적인 증기자동차를 선보였지만, 이미 내연기관차의 시대가 되어 버린 상황에서 시장의 관심을 끌지는 못했다.

전기자동차와 내연기관차의 시장 분할

1881년 최초로 등장한 전기자동차는 시동과 가속 및 변속이 용이했고, 청결하고 조용하며, 신뢰할 수 있고 조종이 쉬웠지만, 느리고 비쌌다. 구식 이미지를 갖고 있었던 증기자동차와는 반대로 전기자동차는 장래성이 가장 높은 미래 기술이라는 전기의 현대적 이미지를 갖고 있었다.

반면 1886년 최초로 등장한 내연기관차는 복잡하고 성공률이 낮았던 시동 작업, 어려운 변속과 지속적인 기계장치 조작, 소음과 진동, 배기가스 등 단점이 많았고, 가격도 조금 비쌌지만 합리적인 속도로 더 긴 거리를 여행할 수 있었다.

이렇게 전기자동차와 내연기관차는 특성이 달랐고, 그래서 서로 다른 시장의 요구에 부응했으며, 1903년까지 시장 분할이 안정되었다.

① 택시 시장: 저속에서 시동이 잘 꺼지고 시동 걸기가 어려웠던 내연기관차는 저속 주행과 잦은 정지가 필요한 택시로는 적합하지 않았다. 반면 전기자동차는 시동과 출발, 가속이 용이해 택시로 적합했고, 전기자동차의 짧은 항속거리도 택시로 운행하는 데는 큰 문제가 되지 않았다.

② 공원 산책/피크닉용 고급차: 내연기관차는 시동과 저속 운행이 어려워 이 시장에도 적합하지 않았다. 이 시장을 위해 부자들을 위한 '사교용' 전기자동차electric 'society cars'가 등장했다. 이 시장에서 전기자동차는 내연기관차가 아니라 전통적인 마차와 경쟁했으며, 짧은 항속거리는 문제가 되지 않았다.

③ 자동차 경주 영역: 단거리 경주에서는 초기 가속에 이점을 지닌 전기자동차가 유리했으나,[5] 장거리 경주에서는 납산 배터리

---

5 1908년 라이커A. L. Riker는 로드아일랜드주 내러간셋 파크에서 열린 경주에서 5마일을 11분 28초에 주파해 내연기관차를 제치고 우승했다.

의 에너지 용량 한계 등으로 불리했다. 자동차 경주로 인해 긴 항속거리와 고속주행이 자동차의 중요 성능 기준으로 자리 잡게 되었다.[6]

④ 시골 여행 분야: 전기자동차는 짧은 항속거리와 시골 지역 전기 충전 시설의 부족으로 시골 여행에는 적합하지 않았다. 석유는 이미 널리 판매되고 있었기 때문에 기존 연료 인프라를 사용할 수 있었고, 기존 가솔린 엔진 정비망도 이용할 수 있었던 가솔린차가 이 여행 분야를 정복했다.

1913년까지 전기자동차와 내연기관차는 이렇게 시장이 분리되어 서로 직접적인 경쟁관계에 있지 않았다. 합리적인 주행거리를 적당한 속도로 갈 수 있는, 안락하고 청결한 차였던 전기자동차는 택시와 산책/피크닉에 사용되는 도시용 차로 자리 잡았다. 반면 항속거리가 길고 고속주행에 적합했던 내연기관차는 경주와 여행에 사용되는 모험용 차로 자리 잡았다.

---

6 그래서 차 형태가 높은 상자 모양 객차에서 낮고 긴, 공기역학적인 탈것으로 변하게 되었다.

전기자동차의 황금시대와 쇠퇴

1900년부터 1912년까지 12년 동안이 전기자동차의 황금시대였다. 1900년대 초 전기자동차는 다른 경쟁차에 비해 성능이 우수했다. 내연기관차와 같은 진동과 냄새, 소음이 없었고, 주행 중 가장 어려웠던 기어변속도 필요 없었으며, 시동 걸기도 용이했다. 증기자동차도 기어변속은 없었지만, 시동 시간이 길어서 겨울에는 45분에 이르렀고, 자주 물을 보충해야 해서 전기자동차보다 항속거리가 짧았다. 전기자동차는 내연기관차나 증기자동차와 달리 작동이 쉬워서 '여성 운전자를 위한 차'로 팔렸다. 또한 당시 도로 사정이 열악해서 대부분의 여행은 근거리 여행이었기 때문에 항속거리가 짧은 전기자동차에 완벽한 환경이었다.

당시 기본적인 전기자동차는 가격이 1,000달러(2013년 기준 약 28,000달러) 미만이었지만, 대부분의 전기자동차는 상류층을 위해 설계된 호화 장식의 차로 평균 가격이 3,000달러(2013년 기준 84,000달러)에 이르렀다.

1900년에서 1910년 사이 약 50개의 회사가 전기자동차를 생산했으며, 1906년 전기자동차제조사연합Association of Electrical Vehicle Manufacturers이 결성되었고, 미국에서 전기자동차의 절정기였던 1912년에는 20개 제조사가 3만 3482대를 생산해 공급했다.

한편 내연기관차는 1910년경부터 저속 운행도 가능해지고 조종장치가 개선되면서 시내 운행에 적합해져 장거리 운행뿐 아니라 도시용으로도 사용되기 시작했다. 또한 1911년 찰스 F. 케터링^{Charles F. Kettering}이 발명한 전기 시동기로 인해 내연기관차의 시동이 용이해지고, 소음^{消音}장치가 도입되어 엔진 소음^{騷音}이 대폭 줄어들면서 내연기관차의 단점이 많이 보완되었다. 그리고 긴 항속거리와 빠른 속도만이 아니라 엔진 소음과 거칠게 돌진하는 느낌을 주는 속도감도 내연기관차의 장점으로 받아들여졌다.

이렇게 전기장치를 달고 전기자동차의 특징을 도입함으로써 보편적인 자동차로 발전한 내연기관차가 전기자동차의 영역을 침범하기 시작했다. 이에 따라 쉬운 운행 등 전기자동차의 장점이 내연기관차의 대폭 낮은 가격을 보상하지는 못했다.

1920년대까지 도시 간 도로가 개선되면서 더 긴 항속거리와 더 빠른 속도, 주유 인프라를 갖춘 내연기관차가 대세가 되었고, 고가에 항속거리가 짧고 충전 인프라도 미비했던 전기자동차는 빠르게 틈새시장으로 전락해 갔다. 내연기관차의 신뢰성과 효용이 확인된 1차 세계대전에 의해 이러한 경향은 더 가속되어 이후 내연기관차가 자동차산업을 지배하는 시기가 오랫동안 지속되었다.

내연기관차의 성공 이유

먼저 등장했고 성능이 우수해 시장에서 우위를 점했던 전기자동차와의 경쟁에서 내연기관차가 승리한 것은 제품 변화와 생산시스템 변화, 그리고 환경 변화가 동시에 작용한 결과였다. 핵심 결정 요인을 살펴보면 다음과 같다.

첫째, 대량 생산에 의한 규모의 경제 달성 여부이다. 내연기관차는 포드의 모델 T로 지배 디자인[7]이 형성되었으며, 이에 따라 엔지니어들이 점진적인 제품 혁신과 가격을 낮출 생산기술 개선에 집중할 수 있었다. 포드는 성능이 우수한 모델 T를 호환 부품과 작업 세분화를 이용해 대량 생산함으로써 매우 저렴한 가격에 판매할 수 있었고, 이를 통해 대중차 시장을 개척했다.

반면 전기자동차는 지배 디자인으로 안정화되지 못해 규모의 경제[8]와 가격 인하를 달성하지 못했고, 비효율적으로 생산된 전기자동차의 가격은 계속 올라갔다. 예를 들어 포드의 내연기관차는 1909년 850달러, 1912년 650달러에 팔렸지만, 1912년경 전기 로드스터는 1,750~3,000달러에 팔렸다.

둘째, 제품 혁신이다. 1900년대 초 내연기관차의 시동을 거는 것은 어렵고 힘든 일이었으나, 1911년 찰스 F. 케터링이 발명한 전기 시동기로 시동을 거는 일이 쉬워졌고, 이로 인해 간편한 시동이라는, 전기자동차의 중요한 상대적 장점이 사라졌다. 반면 전기자동차는 배터

---

7 지배 디자인dominant design은 한 제품군의 시장에서 소비자들이 가장 선호하는 디자인이며 경쟁 기업이나 다른 혁신 기업들이 시장에서 어느 정도 점유율을 차지하기 위해서는 반드시 따라야만 하는 디자인이다. 좀 더 자세한 설명은 4장에서 다루기로 한다.

8 규모의 경제란 생산량이 늘어남에 따라 한 제품을 만드는 비용이 낮아져 수익성이 높아진다는 뜻이다.

리 기술의 느린 발전으로 최대 단점인 항속거리 한계 문제를 해결하지 못했고, 이것이 전기자동차 판매 확대에 큰 장애가 되었다.

셋째, 주유·충전 편의와 운용비용이다. 1901년 텍사스에서 거대한 유전이 발견되자 1905년부터 가솔린은 가격이 싸고 구하기 쉽게 되었다. 1913년 첫 주유소가 등장했고 1920년까지 널리 확산되었다. 반면 시골에는 배터리를 충전할 수 있는 전기 인프라가 부족했다. 게다가 오늘날과 반대로 내연기관차의 연료비용이 전기자동차의 충전비용보다 싸서 내연기관차의 운용비용이 전기자동차의 운용비용보다 적었다.

넷째, 1920년대까지 미국은 다른 도시들을 연결하는 도로체계가 개선되면서 장거리 자동차 여행이 가능해졌고, 이로 인해 더 긴 항속거리와 더 빠른 속도, 충분한 주유 인프라를 갖춘 내연기관차에 유리한 환경이 조성되었다. 반면 항속거리가 제한되어 있고 충전 인프라도 미비해 장거리 자동차 여행에 적합하지 않았던 전기자동차는 이런 환경 변화로 인해 점차 도태되었다.

전기자동차의 부침

1920년대 이후 전기자동차는 시장 주변부로 밀려나 1970년대까지 매우 어려운 시기를 겪었으며, 연료 부족과 환경 위기가 문제로 등장할 때에만 부각되었다가 위기가 지나가면 다시 수면 아래로 내려갔다.

1960년대 내연기관차의 배기가스에 의한 환경오염 우려가 커지자 전기자동차 연구와 관심이 높아져 전기자동차가 재부상하기 시작했다. 전기자동차는 배기가스가 없고 가속 성능이 탁월하다는 장점이 있었지만, 배터리가 너무 비싸고 무거우며, 수명이 짧고, 충전시간이 길다는 단점을 극복하지 못했다. 1970년대 초에는 석유 위기로 외국 석유 의존도를 낮추는 것이 국가적으로 아주 바람직하다는 인식이 높아져 전기자동차에 대한 선호가 늘어났다.

1980년대와 1990년대 환경오염 우려와 잠재적 에너지 위기라는 동기부여로 정부기관 및 연구기관, 주요 자동차 회사들이 다수의 무배기차Zero-Emission Vehicle, ZEV 계획을 추진했다. 특히 1990년 캘리포니아 대기자원국California Air Resources Board, CARB이 통과시킨 배기가스 규제가 가장 큰 영향력을 발휘했다.

현대적인 전기자동차는 1980년대와 1990년대 초에 정점에 달해 1990년대에 새로운 배터리 기술이 적용된 전기자동차가 증가했고, GM EV1과 PSA 106 Electric 같은 실용적인 차들이 일부 출시되었다. 그러나 1990년대 초에도 전기자동차는 항속거리와 성능 면에서 내연기관차와의 경쟁에서 뒤졌다. 배터리가 단위 중량/부피당 에너지 저장 능력이 열악하다는 것이 가장 큰 문제였다.

21세기 초 고유가 상황과 정부 보조금 지급과 결합된 친환경 마케팅으로 전기자동차가 다시 대안으로 떠올랐다. 보통 전기자동차는 대부분 도시 통근용으로 개발되었지만, 2008년 리튬이온배터리를 사용한 최초의 양산차이고 항속거리가 300킬로미터를 넘는 최초의 전기자동차인 테슬라 로드스터^{Tesla Roadster}가 출시되었다.

역사적으로 외국 석유 의존과 에너지 부족, 환경오염 문제가 떠오를 때마다 전기자동차가 해결책으로 제시되었지만, 배터리 기술의 느린 발전이 전기자동차 판매 확대에 주요 장애 요인으로 작용했다. 전기자동차는 소비자 시장에서 경제적으로 합리적인 선택이 되기 위해 여전히 분투 중이다.

03
현대적 자동차산업의 성립
– 모델 T와 대량 생산시스템

2장에서 살펴본 것처럼 내연기관차가 대표적인 자동차, 자동차산업의 지배적인 제품이 된 것은 여러 요인들이 복합적으로 작용한 역사적 결과였다. 그러나 가장 중요한 요인은 대량 생산으로 대중화에 성공했다는 점이다. 흔히 자동차산업에서 대량 생산시스템의 출현은 이동 조립라인(컨베이어 벨트)에 의한 것으로 이야기한다. 생산기술 혁신이라는 측면만 부각되어 있는 것이다.

그러나 대량 생산시스템의 출현은 급진적 제품 혁신에 기반한 것이었으며, 전기자동차라는 급진적 제품 혁신이 등장하고 있는 지금, 이에 대해 정확히 이해하는 것이 중요하다. 이 장에서는 자동차와 생산시스템이 어떤 발전 단계를 거쳐 현대적인 자동차산업이 성립하게 되었는지 살펴본다. 현재 진행 중인 자동차산업의 전환을 깊이 이해하기 위해서는 자동차산업의 성립을 살펴보는 것이 필요하기 때문이다.

자동차산업 초기 자동차와 생산시스템

초기 자동차는 부유한 성인을 위한 정교한 장난감이었으며, 고가의 호화 제품이었다. 따라서 자동차 시장은 부자들만의 제한된 시장이었고, 수요가 많지 않았다. 초기 자동차는 마차(《그림 3-1》)처럼 차대(새시 프레임)와 분리될 수 있는 차체(승객실)가 차대 위에 얹히는 '차체 분리형(body on frame. 차대 위 차체)' 구조였고, 차대와 차체를 별도로 개발·생산하여 판매했다. 대부분은 소비자가 차대와 차체를 각각 구매했으며, 때로는 차대 제작자가 차체를 구매해 차를 완성하여 판매하거나 차체 제작자가 차대를 구매해 차를 완성하여 판매하기도 했다.

자동차산업의 초기 선구자들은 엔진, 변속기, 서스펜션suspension, 조향과 제동 시스템 등 차량 운동에 직접 관련된 시스템들에 집중했고, 그래서 차대 설계자이자 제조자가 되었다. 당시 차들은 주행에 필요한 모든 부품과 부분 조립품sub-assembly이 차대에 장착되었으며, 초기 차대는 대부분 기존 자전거 기술에 의존했다. 반면 차체 기술은 핵심적인 것으로 여기지 않았고, 초기 자동차에 사용된 차체 가공 기술은 마차 차체coach 제조 기술과 동일했으며, 형태도 마차의 차체와 유사했다. 그래서 많은 마차 차체 제조자들이 자동차 차체 제조자가 되었다. 자동차산업 초기에는 이렇게 차대 제조업과 차체 제조업이 분리되어 있었고, 차대와 차체의 주재료와 생산기술도 달랐다.

자동차 제조자들, 더 정확히는 차대 제조자들은 주로 금속 재료를 사용했고, 그래서 금속 가공 장비를 갖추고 있었다. 차대 부품들

그림 3-1 루이 15세 마차의 도면(1750년경)

그림 3-2 마차 차체 제작자의 작업장

에는 정밀성이 필요했기 때문에 일괄생산(배치생산^{batch production})[1]에 적합한 공구로 도면에 따라 부품들을 제작했다. 반면 차체 제조자들은 목재 구조물이나 나무와 철이 복합된 구조물을 사용했고, 나무나 연철 부품을 다루기 위한 장비를 갖추었다. 차체 제조자들이 차체 주재료로 나무를 사용한 것은 금속보다 나무가 훨씬 다루기 쉽고, 휘어진 형상을 만들 수 있었기 때문이다. 표면을 보호하고 외관을 꾸미기 위해 니스 칠을 할 수 있다는 점도 목재를 선호하는 이유였다.

당시에는 차체 도장 공정에 많은 시간이 걸렸다. 우선 차체에 여러 겹의 광택제를 바르는 데에만 수백 시간의 작업이 필요했고, 각각의 겹이 마르는 데에도 별도의 시간이 필요했다. 그리고 복잡한 조립 과정 동안 기계 부품으로 인한 광택 훼손을 피하기 위해서도 차대를 차체 조립 과정에서 완전히 분리하는 것이 유리했다. 따라서 당시 기술과 산업 조직에서는 독립형 차대가 적합했다.

다음 〈그림 3-3〉과 같이 차대와 차체가 별도로 생산되기는 했지만, 당시 지배적인 생산방식인 장인 생산방식으로 자동차가 생산되었고, 따라서 자동차 생산시스템은 일반적인 장인 생산방식의 특징을 지니고 있었다. 금속이나 목재의 천공, 연마 및 기타 가공작업에 사용된 생산 기계는 자동차 생산용으로 최적화되지 않은 일반적인 용도의 기계였으며, 제품은 하나씩 또는 여러 작업대에서 각각 병렬식으로 생산되었다. 부품 호환성이 확보되지 않았기 때문에 모든 조립 과정

---

1 동일하거나 유사한 제품 여러 개를 한꺼번에 함께 생산하는 방식

그림 3-3 자동차산업 초기 자동차 생산시스템

에서 부품 맞춤 작업이 중요했고, 노동자 한 사람이 서브시스템[2] 하나를 맡아 조립했다. 작업자들은 고숙련 노동자들로 설계와 기계 조작 및 조립에 뛰어난 기능을 갖추었으며, 도제 학습 과정을 통해 양성되었다. 대부분의 부품 생산과 자동차 설계는 같은 지역 내에 분산되어 있는 소규모 기계공장들에서 이루어졌으며, 소유–경영자는 고객과 부품업자 등 관련자들 모두와 직접 접촉하면서 생산시스템을 조정했다. 연간 생산량은 1,000대 이하로 아주 적었으며, 동일 설계로 제작되는 자동차는 50대 이하였다.

이러한 초기 자동차와 생산시스템은 제품 혁신이 활발한 산업 유동

---

2 하나의 시스템을 구성하고 있는 부분이면서, 그 자체로도 시스템을 이루고 있는 것. 시스템이 커지면 내부를 다시 작은 시스템으로 나누는 것이 설계나 관리에 유리하기 때문에 서브시스템으로 나눈다.

기에 적합한 제품과 생산시스템이었다. 차체 분리형 방식은 유연성이 커서 차대와 차체를 별도로 개발, 생산하고 상호 조합할 수 있었기 때문에 개선도 독립적으로 진행할 수 있었다. 그리고 장인 생산시스템은 유연성이 크고, 제품 변경에 따른 장비 변경이나 별도의 투자가 필요 없었기 때문에 잦은 제품 변경에도 생산성이 떨어지지 않았다.

그러나 이러한 자동차 생산시스템은 일반적인 장인 생산방식의 약점도 그대로 지녔는데, 생산원가가 너무 높았으며, 생산량이 늘어도 생산원가가 떨어지지 않았다. 사실상 모든 차가 시작품이기 때문에 일관성과 신뢰성에 문제가 있었으며, 제작자에 의한 체계적인 품질 검사도 없어 제품 품질과 내구성도 보장할 수 없었다. 가장 치명적인 문제는 소규모 독립공장들은 신기술 개발 능력이 없었다는 점이다. 진정한 기술 진보를 위해서는 시스템 차원의 연구가 필요했지만, 개별 장인들은 근본적인 혁신을 추구할 자원도 없었다. 이런 한계들 때문에 자동차산업은 정체 국면에 이르고 있었다. 바로 이 시기에 포드는 장인 생산방식의 한계를 극복하고 제품 품질을 높이면서 원가를 대폭 절감하는 대량 생산방식-포드 생산시스템을 만들었다.

파괴적 제품 혁신-모델 T

초기 자동차산업의 혁신을 일으킨 포드의 대량 생산은 제품 혁신에서 출발했다. 포드는 일부 부유층의 전유물이었던 자동차를 대중을 위한 차로 만들겠다고 결심하고 이를 실행에 옮겼다. 포드식 대량 생산은 이 제품 '혁신-대중을 위한 차' 모델 T의 구상과 실현에 뿌리를 두고 있었다.

당시 포드의 차량 개발 목표는 가장 좋은 재료를 사용해 품질과 내구성이 뛰어나고 가벼우면서, 충분한 마력의 최신 엔진을 장착해 동력 성능이 뛰어난 차였다. 또 운전이 용이하면서 다양한 용도로 이용할 수 있고, 어떤 길에서도 잘 달리면서 대중이 구입할 수 있는 저렴한 차였다. 포드는 모델 T(《그림 3-4》)로 이 개발 목표를 달성했다. 모델 T는 원가와 제조 용이성을 고려해 설계되었으며, 아울러 정비가 단순하도록 개발되었다. 자동차의 지배 디자인을 창출한 모델 T

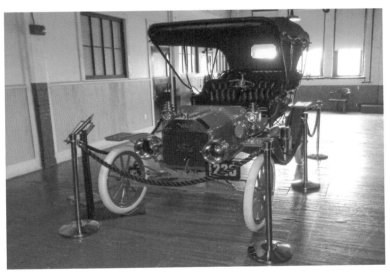

그림 3-4 1908년 12월에 만들어진 220번째 포드 모델 T 투어링: 현존하는 두 번째로 오래된 모델 T이며, 원래 제작된 포드 피켓 애비뉴 공장에 전시되어 있다.

이후 자동차산업에서 혁신은 점진적인 제품 혁신과 가격을 낮추기 위한 생산기술 개선에 집중되었다.

자동차 평균 가격이 약 2,000달러이던 당시에 모델 T는 1908년 850달러라는 파격적인 가격으로 출시되었으며, 이후 지속적으로 가격이 인하되어 미국에서 자동차의 대중화를 이끌었다. 1921년 시장 점유율 62퍼센트, 1923년 연간 생산량 2,055,309대, 총 누적 판매량 15,458,781대를 기록한 모델 T는 초기 자동차산업을 쇄신한 파괴적 혁신이었다.

초기 자동차산업의 파괴적 혁신이었고 자동차산업 역사상 가장 유명한 제품인 모델 T에 대해 잘못된 신화가 있다. 포드 자동차는 1909년 이후 모델 T라는 한 제품만 생산하였으며, 이 모델 T는 결코 변하지 않았다는 것이다. 즉 포드 자동차는 대중의 다양한 기호를 외면하고 획일화된 제품을 대량으로 생산했다는 것이다.

그러나 이는 사실과 다르다. 1908년 출시 당시 모델 T는 네 가지 색상(회색, 빨간색, 파란색, 녹색) 중에서 선택할 수 있었고, 1914년부터는 검은색으로 통일되었지만, 제품 수명주기 마지막(1926년)에는 다시 여러 색상 중에서 선택할 수 있게 되었다. 그리고 모델 T는 매년 설계와 스타일이 개선되었으며, 무엇보다도 모델 T는 하나의 제품이 아니었으며, 제품 수명주기 동안 11개의 주요 모델이 제공되었다.[3] 모델

---

3 주요 모델은 Touring, Touring Fore-door, Runabout, Commercial Runabout, Coupé, Town, Tourster, Torpedo, Coupélet, Sedan 4-door, Tudor이다.

A Complete Line of Model T's to Choose From

5-Passenger Touring Car, Fully Equipped

3-Passenger Roadster, Fully Equipped

2-Passenger Open Runabout, Fully Equipped

Ford Car Models Supply Every Demand

2-Passenger Coupé, Equipped with 3 Oil Lamps, Tubular Horn and Kit of Tools

2-Passenger Torpedo Runabout, Fully Equipped

6-Passenger Town Car, Equipped with 3 Oil Lamps, Tubular Horn and Kit of Tools

그림 3-5 1911년 포드 모델 T 라인업 광고

　T는 하나의 차종이라기보다는 일종의 플랫폼이었고, 공통 플랫폼에 기반해 매해 평균 4가지 파생 차종이 동시에 생산되었다(《그림 3-5》).

　다양한 고객이 다양한 상황에서 이용할 수 있는 보편적인 차를 지향했던 모델 T는 다양한 파생 차종으로 제공되었을 뿐 아니라, 다음과 같은 두 가지 방식으로 고객의 요구에 맞춤^{customization} 되었다.

　첫째, 포드사는 모델 T를 고객의 취향에 맞추기 위해 5천 개 이상의 부속품들(대부분 장식품 성격이 있는)을 제공해 고객이 직접 조립할 수 있도록 했다.

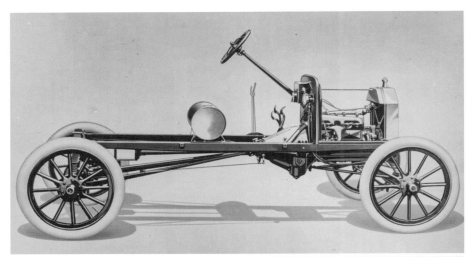

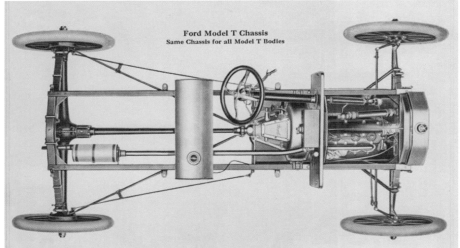

Ford Model T Chassis
Same Chassis for all Model T Bodies

그림 3-6 모델 T 차대

　둘째, 포드사는 공용 플랫폼이라 할 수 있는 모델 T의 차대(《그림 3-6》)를 제품으로 판매했다. 이렇게 판매한 차대 위에 주로 차체 전문 회사들이 고객의 요구에 맞춰 차체를 제작해 장착했다. 이 방식은 맞

춤 외주화outsourcing customization
로 대량 생산을 유지하면서
고객 맞춤화도 실현한 것이
라 할 수 있다.

또한 포드사는 모델 T 차
대의 크기를 키워 모델 TT
트럭(〈그림 3-7〉)과 모델 TT
버스(〈그림 3-8〉)를 개발했다.
앞의 맞춤 외주화가 모듈 기
반 설계로 동일 플랫폼 내
다양성-파생 차종을 확보한
것이라면, 모델 TT는 치수
기반 설계로 파생 차종을 개
발한 것이라 할 수 있다.[4]

모델 T만이 아니라 포드
의 생산기술에도 중요한 변

그림 3-7   모델 TT 트럭(1919년형)

그림 3-8   모델 TT 버스(1920년형)

화가 있었으며, 포드식 대량 생산시스템은 모델 T의 변화는 물론, 파
생 차종 생산 수준의 변화와 다양성을 수용할 수 있었다. 이제 포드

---

4 모듈 기반 설계modular-based design에서는 특정 요구에 맞추기 위해 모듈을 추가, 대체, 제거
   하며, 치수 기반 설계scaled-based design에서는 특정 시장 세그먼트에 맞추기 위해 치수를 조
   정한다.

에서 생산시스템이 어떻게 발전해서 대량 생산시스템이 출현하게 되었는지 살펴보자.

포드에서 생산시스템의 발전

포드 자동차는 1903년 설립 당시 공장을 빌려 썼고, 1904년에 독자 공장(피켓 애비뉴 공장$^{Piquette\ Avenue\ plant}$)을 지었다. 이 독자 공장은 조립 공장으로 부품은 대부분 구매해서 사용했다. 이 조립 공장의 설비는 범용 기계였고, 숙련된 기계 운전자들이 작동했다. 포드 자동차 설립 초기에는 장인 생산방식을 채택해 정지된 조립 작업대에서 차를 조립했다(〈그림 3-9〉, 〈그림 3-10〉). 생산시스템이 다음 단계로 발전하기 직전인 1908년 이 생산방식의 평균 사이클 타임$^{cycle\ time}$[5]은 514분이었다.

포드는 새로 도입될 모델 N의 부품을 제작하기 위해 1905년 말 포드 제조사$^{Ford\ Manufacturing\ Company}$를 설립했다. 포드는 이미 교환 가능한 부품(호환 부품$^{interchangeable\ part}$)이 대량 생산에 필수적이라는 것을 깊이 인식했고, 이를 계속 강조했다. 포드 제조사는 작업 순서에 따라 공작기계를 배치했고, 전용 기계를 사용해 생산성을 높였다. 1907년에 포드 자동차와 포드 제조사가 합병되었고, 포드가 합병된 회사의 경영권을 갖게 되었다.

---

5 단위 공정 한 단위를 완료하는 데 걸리는 시간

그림 3-9 정지된 조립 작업대에서 조립하는 노동자들(1906년경 피켓 애비뉴 공장 조립실)

그림 3-10 조립 작업대에 놓인 모델 N의 섀시들(1906년 피켓 애비뉴 공장 조립실)

그림 3-11 모델 T 정지 조립라인(1910년경 하이랜드 파크 공장): 작업자들이 작업대를 이동하면서 작업한다.

　1908년 모델 T가 출시되었고, 같은 해 부품 호환성이 완벽하게 확보된 후에는 조립 작업자들이 작업대를 이동하면서 단일 작업만 수행하는 것으로 생산방식이 바뀌었다(《그림 3-11》). 다음 단계로 발전하기 전인 1913년 8월 이 생산방식의 평균 사이클 타임은 2.3분으로 이전 단계에 비해 획기적으로 단축되었다.[6]

　1909년부터 모델 T만 생산했고, 1910년에 대중을 위한 차를 생산할 새 공장인 하이랜드 파크 공장Highland Park factory을 건설했다. 이로써 포드 생산시스템의 특성이 반영된 최초의 공장이 등장했다.

6　위맥 등에 따르면, 포드 생산시스템의 발전에서 가장 큰 생산성 향상 효과를 가져온 요인은 이동 조립라인의 도입이 아니라 이 작업방식의 변화이다.

하이랜드 파크 공장은 포드식 대량 생산의 원리인 파워, 정확성, 경제성, 시스템, 연속성, 그리고 속도에 초점을 두고 운영되었다. 건설 초기부터 하이랜드 파크 공장은 3천 마력에 이르는 대용량 엔진을 동력원으로 사용했으며, 1913년에는 5천 마력 엔진이 추가되었다. 포드사는 고정장치와 게이지 등 도구를 표준화하여 부품 규격의 정확성을 확보해 호환 부품들을 만들었는데, 이것이 대량 생산의 기반이 되었다. 또한 재료 투입과 산출의 연속성을 유지하고, 모든 단계에서 경제성과 생산 속도를 높이기 위해 노력했으며, 이런 노력들을 시스템화했다. 단일 모델 생산은 단일 목적 기계 도입을 촉진했는데, 생산설비들은 한 모델에 최적화된 전용 기계가 되었고, 이 전용 기계의 도입으로 생산 속도가 높아졌다.

조립팀들이 작업대를 이동하면서 특정 과업 또는 일련의 과업들을 수행하는 조립방식을 유지했는데, 이 방식에는 두 가지 주요 문제가 있었다. 하나는 조립팀에게 정확히 부품을 배달하는 문제였고, 다른 하나는 조립팀들이 시간 한계 안에 과업을 완료하도록 하는 문제였다. 그런데 이동 조립라인[7]의 도입으로 사람이 작업대를 이동하는 것이 아니라 작업이 사람에게 이동했고, 작업자 간 편차가 사라지고 작업 속도가 균일해졌다. 그리고 작업 속도를 작업자가 아니라 관리자

---

7 이동 조립라인과 관련해 포드는 시카고 정육 포장업체들의 정육 라인에서 영감을 얻었다고 주장한 반면, 포드사의 엔지니어들은 제분업과 양조업에서 영감을 얻었다고 주장했다. 당시 통조림 산업에도 기계 순차 배열과 자동 이동 시스템이 이미 사용되고 있었다.

가 결정하게 되었다. 이동 조립라인의 도입으로 기존 조립 방식의 두 가지 주요 문제가 해결되었고 진정한 대량 생산이 실현된 것이다.[8]

1913년 4월 1일 플라이휠 자석발전기 조립에 첫 이동 조립라인이 시험 가동되었고(《그림 3-12》), 생산성 증대 효과가 검증된 후에는 엔진 조립, 뒤차축 조립, 앞차축 조립, 차대 조립으로 확대, 적용되었다 (《그림 3-13》). 이 이동식 조립라인의 도입으로 생산성이 대폭 향상되어 1913년 컨베이어 도입 전과 비교하여 1914년 이동 조립라인 도입 후 대당 노동 투입시간이 4분의 1 수준으로 줄어들었고, 사이클 타임은 2.3분에서 1.19분으로 단축되었다.

지금까지 살펴본 포드에서 생산시스템의 발전 과정을 요약, 정리하면 다음 〈표 3-1〉과 같다.

포드는 대량 생산시스템을 무에서 창조한 것이 아니라 이미 개발된 요소들을 결합하고 더 발전시켜서 만들어냈다. 포드가 사용한 주요 요소들은 다음과 같다.

ⓐ 전용 기계: 단일 기능만을 수행하여 정밀성을 높여준 전용 기계는 재봉틀과 자전거 제조에 이미 사용되고 있었다. 예를 들어, 판금 스탬핑 기술은 1890년대 이미 자전거 산업에서 사용되어 부품 제작 공정을 혁신했고, 그 결과 노동 강도가 줄어들고 부품의 정밀도는 높아졌다. 전기-저항 용접기술처럼 판금

---

8 뒤에 서술하겠지만, 이 주장에 대해서는 상반된 입장들이 있다.

그림 3-12 플라이휠 자석발전기 조립에 도입된 최초의 이동 조립라인(1913년 하이랜드 파크 공장)

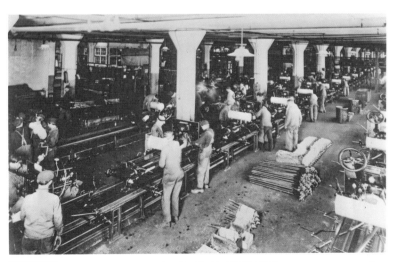

그림 3-13 이동 조립라인에서 노동자들이 모델 T를 조립하고 있다(1914년 하이랜드 파크 공장).

표 3-1 포드에서 생산시스템의 발전

수공업 방식 – 정지 작업	이동 작업(1908~)	이동 조립라인 도입(1913~)
• 1904년 독자 공장: 조립 공장 • 부품은 대부분 구매 사용, 범용 기계, 숙련된 기계 운전자 • 정지된 작업대에서 차를 조립	• 1908년 모델 T 출시, 부품 호환성 확보 후 작업 방식 변경 • 조립 작업자들이 작업대를 이동, 단일 작업만 수행 • 주요 문제 1) 조립팀에게 부품 공급 2) 시간 한계 내 과업 완료	• 사람이 작업대를 이동하는 것이 아니라 작업이 사람에게 이동 • 작업자 간 편차가 사라지고 작업 속도 균일해짐. 작업 속도를 작업자가 아니라 관리자가 결정 • 생산성 대폭 향상
• 평균 사이클 타임 514분(1908년)	• 평균 사이클 타임 2.3분(1913년 8월)	• 평균 사이클 타임 1.19분 • 대당 노동 투입시간: 1/4로 줄어듦

스탬핑 같은 기술도 자동차산업에서 더욱 발전되었다.

(b) 호환 부품: 이미 1890년대 자전거산업에서 정밀한 호환 부품을 사용하면 조립 속도를 높일 수 있다는 것이 확인되었고, 이로부터 포드는 호환 부품의 중요성을 명확히 인식하고 이를 자동차산업에 적용했다. 호환 부품은 조립할 때 조립이 잘 되도록 부품을 조정하거나 맞출 필요가 없어 빠른 조립이 가능했다. 포드의 엔지니어들은 정확성을 설비와 기계의 최상위 필요 조건으로 삼았고, 이 정확성이 포드식 대량 생산의 기반이 되었다.

(c) 작업 세분화: 포드는 노동자들의 작업을 미숙련 노동자가 기계

공구로 할 수 있는 더 작은 작업으로 분할했는데, 이는 노동자들이 더 작은 과업을 반복 수행할수록 전반적인 효율이 향상된다는, 테일러^{Frederick W. Taylor}와 같은 산업공학자들이 수행한 시간 동작 연구의 결론에 따른 것이었다. 이 산업공학자들은 인간을 신뢰할 수 없는 생산요소로 보았기 때문에 더 많은 작업 가시성과 노동자들에 대한 통제를 주장했다.

(d) 전통적인 물방아 기계^{millwork} 대신 전기모터를 사용했는데, 이 역시 다른 산업에서 발달된 요소를 도입한 것이다. 물방아 기계는 동력 전달 경로에 따라 배치가 제한되었지만, 전기모터의 도입으로 기계를 순차적으로 배열할 수 있게 되었다.

(e) 포드는 자동차 생산에 이동 조립라인을 도입했다. 이동 조립라인은 육류 포장, 제분업, 양조업과 식품 통조림 제조 등 다른 산업에서 이미 사용되고 있었다. 전기모터는 믿을 만했고 안정적인 속도로 이동 조립라인을 구동할 수 있었기 때문에 이동 조립라인 사용을 촉진했다.

포드는 이렇게 다른 산업에서 이미 발전된 요소들인 전용 기계와 호환 부품, 작업 세분화, 전기모터를 조립라인에서 모두 하나로 결합해 대량 생산시스템을 만들어냈다. 최초로 등장한 대량 생산시스템인 포드 시스템은 제품의 품질과 생산성을 함께 높이고 제품 가격까지 대폭 낮춰 대중 소비를 창출했고, 이렇게 해서 수공업 생산방식을 대체하는 대량 생산방식이 시작되었다. 포드가 개척한 대량 생산방식이

자동차산업에서 지배적인 생산방식으로 자리 잡으면서 1914년 100개 이상이었던 미국 자동차업체 수가 1924년 12개로 감소했고, 빅3(포드, GM, 크라이슬러)가 전체 시장의 90퍼센트를 차지하게 되었다.

포드식 대량 생산시스템의 요소 중에서 어떤 것이 결정적이었는가에 대해서는 상반된 의견들이 있다. 일반적으로는 이동 조립라인이 결정적인 역할을 한 것으로 받아들여지고 있으나,[9] 위맥 등은 이동식 조립라인이 아니라 부품 호환성과 장착 용이성에 근거한 효율적인 조립생산이 대량 생산방식의 핵심이라고 주장한다. 즉 작업 세분화와 완전한 부품 호환성의 효과가 이동식 조립라인의 효과보다 더 컸다는 것이다. 부아예[Boyer]와 프레세네[Freyssenet] 역시 조립라인 도입 전에 모델 T가 395,000대가량 생산되고 가격도 495달러로 인하되는 등 이미 대량 생산과 낮은 가격이 실현되었고, 따라서 조립라인이 대량 생산의 필수 조건이 아니라고 주장한다. 이들에 따르면 포드 시스템과 다른 방식의 대량 생산시스템도 가능했던 것이다.

어쨌거나 제품 설계와 관련된 부품 호환성과 장착 용이성이 대량 생산의 기반이 된 것은 분명하며, 자동차산업에서 차대 생산은 기존 장인 생산방식의 병렬 생산에서 이동 조립라인을 이용한 직렬 생산, 즉 대량 생산으로 변모했다. 그 결과 등장한 자동차 생산시스템은

---

9 래프[Raff]에 따르면 대량 생산 방법의 발전은 세 가지 핵심 요소를 요구했다. 가장 중요하고 어려웠던 요소는 호환 부품의 조달이었으며, 두 번째 핵심 요소는 연속 조립이었고, 세 번째 혁신 요소는 물류 통제 개선이었다.

그림 3-14 부품 호환성 확보로 변화된 자동차 생산시스템

〈그림 3-14〉와 같다.

　대량 생산만이 아니라 제품의 우수한 성능도 포드의 성공에 기여했다. 앞서 이야기한 개발 목표의 달성은 물론이고 클러치와 기어 샤프트는 장난감 같았던 자동차를 신뢰할 수 있고, 유용한 탈것으로 만들었다. 우수한 생산기술만이 아니라 우수한 제품 기술이 판매 확대와 대량 생산시스템 구축에 기여한 것이다. 이렇게 제품 혁신과 생산 혁신이 동반되어 포드식 대량 생산시스템이 만들어지고, 산업 혁신이 창출되었다.

포드주의와 노동자

포드식 대량 생산방식은 작업자들의 과업을 세분화해 작업자들이 한 가지 작업만 수행하도록 단순화함으로써 숙련 요건을 제거했다.[10] 부품만이 아니라 노동자의 표준화-완벽한 호환성도 실현한 것이다.

포드식 기계 가공 시스템과 함께 이동 조립라인, 중력 경사대 같은 것들로 단위 생산에 필요한 노동력-조립공의 수는 대폭 감소했으나 대신 직·공장, 생산관리기사, 수리공, 품질검사원, 청소 작업원, 재작업 전문공 등 간접부문 노동자들이 대폭 늘어났다.

이동 조립라인의 도입으로 관리자가 라인 속도를 통해 노동 속도를 통제할 수 있게 되어 관리자와 노동자의 관계가 변하게 되었고, 이 새로운 노동 관행으로 노동자들의 부담이 증가했다. 포드 시스템은 노동의 인간화를 희생해 생산성 향상을 달성했던 것이다.

그 결과 이직률이 급증해 1913년 한 해 동안 380퍼센트에 이르는 등 심각한 노동문제가 발생했다. 포드는 이를 해결하기 위해 1913년 직무를 재평가해서 형평성을 높이고, 성과 좋은 직원들의 임금을 특별 인상했으며, 1913년 10월 1일에는 전면적인 임금 인상으로 전 직원의 최저임금을 2.34달러로 인상했다.

그러나 이러한 노동개혁 조치에도 불구하고 문제는 해결되지 않았다. 포드는 높은 이직률을 해결하고, 노조 조직화를 예방하며, 관리자와 노동자 간 소득 불평등에 따른 불만을 해소하기 위해 1914년 1월 5일 5달러 일당제 실시를 결정했다. 노동자들은 하루 8시간 기계의

---

10 포드 시스템은 육체 노동자들의 업무뿐만 아니라 지식 노동자들의 업무인 엔지니어링 부문의 업무도 세분화했다.

일부가 되는 대가로 고소득을 얻게 된 것이다. 이로써 대량 생산의 마지막 단계가 완성되었고, 고도 기계화 생산과 이동 조립라인, 고임금 그리고 낮은 제품 가격을 핵심 특징으로 하는 포드주의가 탄생했다.

흔히 포드주의 작업 방식이 테일러주의에 기반한 것으로 주장하지만, 이는 잘못된 주장이다.[11] 포드주의는 특정한 테일러주의 요소를 사용하지만, 테일러주의와는 근본적으로 차이가 있다.

하운셀Hounshell에 따르면, 테일러주의와 포드주의는 시간 동작 연구를 통해 불필요한 동작을 제거해 합리화하고, 작업을 표준화한다는 점, 그리고 관리자와 노동자 사이의 노동 분업을 추구한다는 점에서는 같지만, 다음과 같은 차이가 있다.

테일러주의에서는 직무가 변하지 않고, 시간 동작 연구와 개수 임금제[12]를 결합하여 효율성을 높인다. 즉 생산설비는 고정되어 있고 노동과정과 작업 방식만 변경하는 것이다. 테일러주의에서는 개수율이나 확립된 작업표준이 작업 속도를 결정한다.

반면 포드주의에서는 작업 방법을 변경해 기계로 노동을 제거한다. 즉 노동과정을 기계화해 노동자가 기계를 보조하도록 하는 것이다. 시간 동작 연구를 통해 기계와 기계 공정을 설정하고, 이렇게 설정된 기

---

11 포드 자동차는 테일러주의에 의존하지 않았다고 포드가 직접 주장한 바 있으며, 당시 디트로이트에는 테일러의 과학적 관리가 알려지기 전에 유사한 관행을 이미 실행했던 제조업자들이 있었다.

12 미리 정한 생산물 한 개당 임금(개수율)에 작업한 생산물의 개수를 곱하여 임금을 산정하는 개인 성과 변동 임금제도이다.

계가 작업 속도를 결정한다. 테일러주의는 노동 효율화에 의해 노동력을 줄이는 반면, 포드주의는 기계 효율화에 의해 노동력을 줄인다.

부아예와 프레세네는 다른 중요한 측면에서 둘의 차이를 지적한다. 기계화된 생산, 즉 포드주의에서는 독립적인 작업을 작업 거점들에 배분하면서 균등한 사이클 타임을 이루기 위해 제품의 기능 논리-자연스러운 작업 순서를 제거한다. 그래서 작업자는 서로 관련 없는 작업들을 기억해야만 한다. 반면 테일러주의에서는 가장 효율적이고 경제적인 작업 순서를 찾기 위해 과업을 기초 작업으로 분해한다. 따라서 과업 실행의 지적 논리를 파괴하지 않는다.

테일러주의와 포드주의를 비교, 요약하면 다음 〈표 3-2〉와 같다.

표 3-2 테일러주의와 포드주의 비교

	테일러주의	포드주의
공통점	• 시간 동작 연구를 통해 불필요한 동작 제거해 합리화, 작업표준화 • 관리자와 노동자 사이의 노동 분업 추구	
차이	• 노동 효율화에 의해 노동을 절약 • 생산설비는 고정, 노동과정과 작업 방식만 변경 • 시간 동작 연구 + 개수 임금제 → 효율성 향상 • 개수율이나 확립된 작업표준이 작업 속도 결정	• 기계 효율화에 의해 노동을 절약 • 노동과정 기계화 → 노동자가 기계를 보조 • 시간 동작 연구를 통해 기계와 기계 공정을 설정 • 설정된 기계가 작업 속도 결정
	• 가장 효율적이고 경제적인 작업 순서를 찾기 위해 과업을 기초 작업으로 분해 • 과업 실행의 지적 논리를 파괴하지 않음	• 균등한 사이클 타임을 이루기 위해 자연스러운 작업 순서를 제거 • 작업자는 서로 관련 없는 작업들을 기억해야 함

포드식 생산방식은 노동자들의 작업을 세분화해 단순노동으로 만들었고, 노동자들을 기계에 종속되는 부품으로 전락시켰기 때문에 '반노동적'이라는 평가를 받게 되었다. 그러나 노동자들에게 나쁘기만 한 것은 아니었다. 다음 〈그림 3-15〉에서 보듯이 자동차 한 대를 생산하기 위해 필요한 노동력은 대폭 줄었지만, 생산량이 비약적으로 증가해서 생산에 필요한 노동자 수가 크게 늘었다(〈표 3-3〉). 그리고 포드에 고용된 생산직 노동자의 대다수는 미숙련 노동자들, 즉 단순한 직무가 아니면 취업할 수 없었던 사람들이었다. 포드는 이주

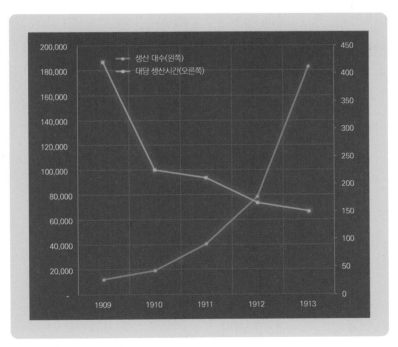

그림 3-15 1909~1913년 대당 생산시간과 생산 대수

표 3-3 1909~1913년 포드의 평균 직원 수

연도(년)	평균 직원 수(명)
1909	2,190
1910	3,672
1911	4,100
1912	7,042
1913	16,000

* 출처: Tomac et al.(2019: 38)

노동자와 흑인은 물론, 장애인과 전과자도 고용했다. 많은 일자리를 만든 것, 그리고 사회적 약자에게도 동등한 기회를 준 것은 긍정적으로 평가해야 하지 않을까?

다음의 〈그림 3-16〉에서 보듯이 포드는 매년 자동차 가격을 대폭 인하했다. 이는 대당 재료비를 대폭 절감해 달성한 것이며, 대당 인건비 변동은 거의 없었다. 대당 인건비는 거의 일정하지만, 대당 노동시간이 줄었다는 것은, 즉 인당 생산 대수가 늘었다는 것은 노동자들의 임금이 올라갔다는 것을 의미한다. 미숙련 노동자들에게 일자리를 제공했을 뿐 아니라 고임금을 보장함으로써 이들이 중산층이 될 수 있도록 한 것이다.

포드가 이룬 사회적 기여도 인정해야 할 것이다. 포드는 애초 자신이 꿈꿨던 대로 대중을 위한 차를 대량 생산해 자동차의 대중화를 이루었고, 이로 인해 현대적인 자동차산업이 성립되었다. 포드의 대

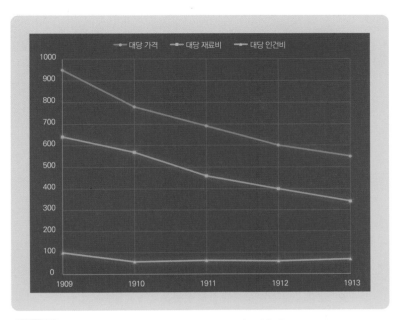

그림 3-16 1909~1916년 모델 T 대당 가격, 인건비 및 재료비 추이(단위: 달러)

량 생산 원리는 현대 산업의 표준이 되었고, '대량 생산, 대량 소비'는 현대사회의 지배적인 규범이 되었다.

포드식 '노동의 비인간화'와 '대량 생산, 대량 소비'가 만들어낸 기후 위기는 우리가 극복해야 할 과제임이 분명하다. 그러나 그 책임을 포드에게 돌리는 것은 적절하지 않으며, 포드 이전의 장인 생산방식으로 돌아가거나 소규모 자급자족을 대안으로 여기는 낭만적인 생각은 해결책이 될 수 없다. 위기를 낳은 현대사회를 넘어서는 일은 현대사회의 수혜를 입은 우리 세대의 과제인 것이다.

04
자동차와 생산시스템의 발전

자동차산업의 역사에서 자동차 지배 디자인의 출현과 변화는 생산시스템의 급진적 변화를 가져왔다. 자동차의 지배 디자인으로 출현한 포드의 모델 T는 자동차 생산시스템을 장인 생산시스템에서 부품 호환성에 기반을 둔 대량 생산시스템으로 발전시켰다. 이후 차체 주재료가 목재에서 강철로 변하면서 차체 생산공정과 차체 생산시스템이 변경되었고, 일체형 차체 도입으로 차체 제작 후 도장된 차체에 섀시를 장착하는 방식으로 생산시스템이 바뀌면서 차체 생산시스템이 자동차 제조사 생산시스템에 편입되어 현대적인 자동차 생산시스템의 기본 구조가 확립되었다.

이 장에서는 자동차산업에서 자동차 지배 디자인의 변화에 따라 자동차 생산시스템이 어떻게 발전해 왔는지 살펴보고, 현대적인 자동차 생산시스템에 대해 설명한다.

지배 디자인

지배 디자인dominant design은 한 제품군의 시장에서 소비자들이 가장 선호하는 디자인이며, 경쟁기업이나 다른 혁신기업이 시장에서 어느 정도 점유율을 차지하기 위해서는 반드시 따라야만 하는 디자인이다. 또 다수의 제조자들이 채택하는 제품 디자인이며, 대개 시장에서 50퍼센트 또는 그 이상의 시장점유율을 차지하며, 소수보다는 절대 다수를 만족시키는 디자인이다.

지배 디자인은 대개 이전에 있었던 여러 가지 다양한 제품 모델들에 각각 개별적으로 도입된 기술 혁신들을 종합한 하나의 신제품(또는 특징들의 집합)으로 나타난다. 지배 디자인의 출현은 사전에 예측이 어려우며, 특정 시점에서의 기술 선택과 시장 선택이 상호작용한 결과이다. 지배 디자인은 그 자체에 많은 소비자의 여러 요구 사항들을 이미 갖추고 있기 때문에 새로 충족해야 하는 기능과 관련된 요구 사항의 수가 급격히 감소된다.

지배 디자인의 출현은 기술의 배양기에서 점진적 변화의 시기로 옮겨 가는 신호이며, 이후 혁신은 지배 디자인을 중심으로 점진적으로 이루어진다. 이 시기에는 많은 기업이 지배 디자인과 연관된 경쟁력을 높이는 데 집중적으로 투자해 해당 제품이나 기술에 관련한 보완재와 주변 기술은 물론 지식 구조 등이 이 지배 지디자인을 중심으로 심화된다.

현재 자동차의 지배 디자인은 강철을 주재료로 사용한 일체형 차체와 동력원으로는 내연기관 엔진이다. 내연기관차가 자동차산업의 지배자가 된 과정은 앞서 2장에서 살펴보았고, 여기에서는 강철 차체와 일체형 차제가 지배 디자인으로 자리 잡으면서 생산시스템이 어떻게 변화되었는지 살펴본다.

차체 주재료의 변화와 생산시스템의 변화

초기 자동차는 차체 주재료가 나무였지만 1914년 버드^{Edward Budd}가 차체 재료를 강철로 대체했다. 강철 차체는 목재 차체에 비해 제품 성능과 상품성에서 유리했다. 강철 차체는 기존 목재 차체에 비해 강성과 강도, 안전 측면에서 유리했으며, 내구성이 향상되었고, 수리도 용이했다. 또한 강철 차체는 목재 차체에 비해 곡면 등 더 다양한 스타일로 제작할 수 있었고 도장도 수월했기 때문에 강철 차체의 도입으로 차체 스타일링과 색상이 중요한 상품성 요인이 되었고, 이로써 강철 차체는 상품성의 우위를 확보할 수 있었다.

강철 차체는 생산공정에도 큰 영향을 주었다. 우선 강철 차체의 등장으로 생산공정의 병목^{bottleneck}이었던 도장이 쉬워졌다. 3장에서 본 것처럼, 목재 자동차의 유색 도료는 도장을 수작업으로 해야 했고, 건조 시간이 길었다.[1] 당시 두코사가 개발한 새로운 도장 방식은 건조

---

1 포드가 한동안 모델 T의 색상을 검은색만 고집한 것은 검은색이 건조 시간이 가장 짧았기 때문이다.

시간을 불과 몇 분으로 줄였고, 새로운 도료는 분무기로 빠르게 도장할 수 있어 대량 생산에 적합했다. 이 방식은 높은 온도에서 도장했기 때문에 목재 차체에는 적용할 수 없었으나, 강철 차체에는 적용할 수 있었다.

또한 강철 차체는 용접 등 기존 목재 차체에는 적용할 수 없었던 효율적인 생산 기술들을 적용할 수 있었고, 자동화도 용이해 차체 공장의 자동화율이 높아졌고, 고도 자동화로 대량 생산에 유리했다.

이렇게 완전 강철 차체의 도입으로 차체 생산 공정과 차체 생산시스템이 변경되었다. 차체 제작은 강철 판재를 만드는 프레스, 그리고 이 강철 판재들을 연결하는 용접, 이렇게 제작된 차체에 색깔과 보호막을 입히는 도장 순서로 이루어지게 되었으며, 강철 가공 기술과 설비를 갖춘 차대 제작업체들과 대형 차체 전문 제작사들이 차체를 제작하게 되었다. 그 결과 자동차 생산시스템은 〈그림 4-1〉처럼 변모하게 되었다.

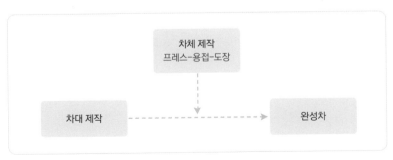

그림 4-1 강철 차체 도입으로 변화된 자동차 생산시스템

일체형 차체의 도입과 생산시스템의 변화

강철 차체는 차체만으로 충분히 튼튼했기 때문에 차대가 필요 없게 되었고, 이로 인해 자동차의 기본 구조(아키텍처[2])가 차체 분리형에서 차체 일체형으로 변할 수 있게 되었다. 차체 일체형으로 처음 대량 생산된 차량은 1934년 시트로엥Citröen 7, 15와 11CV였다. 그리고 같은 해 크라이슬러 그룹 산하 브랜드 데소토DeSoto가 에어플로우 시리즈Airflow Series SE에 일체형 차체 제조를 도입했다. 그 후 소형 승용차는 1930년대 말까지 대부분 일체형으로 바뀌었고, 미국에서는 1950년 대, 다른 곳에서는 그 이후에 차체 일체형이 자동차의 지배적인 차체 아키텍처가 되었다.

일체형 차체가 도입되면서 차체를 제작하고 도장한 후 도장된 차체에 섀시 시스템을 장착해야 했기 때문에 차대를 차체와 별도로 제작하는 것이 불가능해졌고, 현재와 같은 생산시스템의 구조가 형성되었다(《그림 4-2》). 차체 생산은 전체 생산 흐름에 동기화되었고, 차대 생산이 아니라 차체 생산이 자동차 생산시스템의 중심이 되었다. 그리고 차체 제작을 완성차 제조업체가 독점하게 되면서 차체 전문 제작사들이 사라지게 되었다.

---

2 아키텍처에 대해서는 6장 참조

그림 4-2 일체형 차체 도입으로 변화된 자동차 생산시스템

현재 자동차의 지배 디자인과
생산시스템의 기본 구조

제품의 지배 디자인이 등장하고 안정되면, 제품 생산공정도 이에 맞춰 최적화되고, 그 결과 생산시스템도 수렴된다. 현재 자동차의 지배 디자인은 강철을 주재료로 사용한 일체형 차체와 동력원으로는 내연기관 엔진이다. 자동차의 지배 디자인이 안정되면서 자동차의 생산시스템은 그에 맞추어 최적화되어 왔다.

그 결과 등장한 자동차 생산시스템의 기본 구조는 현재 〈그림 4-3〉과 같다. 차체 파트 성형에서 최종 조립까지 이어지는 각 단계는 전체 생산시스템의 하위 생산시스템들로 고유한 특성을 갖는다. 강철이 차체 주재료가 되면서 강철을 성형하는 작업이 첫 단계가 되었고, 자동차의 기본 구조가 차체 분리형에서 차체 일체형으로 바뀌면서 차체 전문 제작사들이 사라지고 차체 제작을 완성차 제조업체가 독점하게 되었다. 또한 강철 차체 사용으로 병목 공정이던 도장이 수월

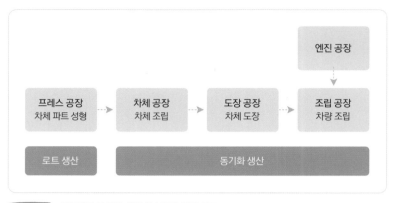

그림 4-3 현대적인 자동차 생산시스템의 기본 구조

해지면서 도장 공정이 전체 생산 흐름에 동기화될 수 있었다. 동력원인 내연기관 관련 기술은 완성차 업체들의 핵심 경쟁력으로 개발부터 제작까지 완성차 업체들이 직접 수행했다. 자동차라는 제품이 오랫동안 발전해 왔음에도 지배 디자인에 큰 변화가 없었듯이 자동차 생산시스템 또한 지속적으로 발전해 왔음에도 기본 구조에 큰 변화가 없었다.

현대적인 자동차 생산시스템 개요

일반적으로 생산시스템의 유형을 결정하는 가장 기본적인 요인은 제품의 생산량[3]과 다양성이다. 생산량이 적고 다양성이 큰 경우에는 주문생산이, 반대로 생산량이 많고 다양성이 작은 경우에는 대량 생산이 적합하고, 이 두 생산 유형의 중간은 일괄생산이 적합하다. 자동화도 생산량이 적고 다양성이 큰 경우에는 프로그램 자동화programmable automation가, 반대로 생산량이 많고 다양성이 작은 경우에는 고정 자동화가 적합하고, 이 두 자동화 유형의 중간은 유연 자동화가 적합하다.

자동차는 일반적으로 연간 수만 대 이상을 목표로 하므로 대부분의 자동차는 대량 생산방식으로 만들어지며, 프레스 공장, 차체 공장, 도장 공장, 조립 공장을 거치면서 완성되고, 엔진과 변속기는 별도 공장에서 만들어져서 최종 조립라인에 공급된다. 프레스 공장에서 이루어지는 차체 파트 성형은 로트 생산[4]이며, 차체 조립과 도장, 최종 조립은 동기화 생산[5]이다(앞의 〈그림 4-3〉 참조).

다음 〈그림 4-4〉에서 보듯이 자동차 생산의 자동화 수준은 생산 단계에 따라 달라진다. 차종이 동일하면 기본 차체가 동일하므로 한 공장에서 여러 차종이 생산된다 하더라도 차체 공장에서는 제품 다양성이 낮고, 따라서 높은 수준의 자동화가 가능하다. 하나의 차체에도 여러 차체 파트가 필요하므로 차체 파트를 성형하는 프레스 공

---

3 일반적으로 100대/년 이하는 소량 생산, 10,000대/년 이상은 대량 생산, 그 사이(100~10,000대/년)는 중량 생산으로 구분한다.

4 로트 생산lot production은 같은 제품이 일정 간격을 두고 반복 제조되는 것으로, 이 경우의 1회마다의 생산 제품의 조組를 로트lot라고 한다(기계공학용어사전).

5 동기화 생산synchronized production이란 각 공정의 작업 시간이 완전히 균형을 이루어 전체 작업이 각 공정 사이에서 알맞게 진행되도록 하는 생산방식이다.

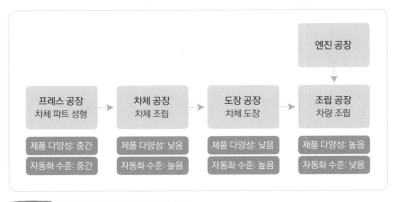

그림 4-4 현대적인 자동차 생산시스템 개요

장에서는 차체 공장에 비해 제품 다양성이 높지만, 조립 공장에 비해 제품 다양성이 낮다. 따라서 자동화 수준도 중간에 있다.

　다음으로 도장 공장은 차에 다양한 색깔을 입히는 공정에서만 다양성이 약간 증가한다. 따라서 자동화 수준도 높다. 마지막으로 조립 공장에서는 엔진·변속기 사양과 의장 사양이 다양하므로 제품 다양성이 대폭 증가한다. 따라서 최종 조립은 가장 자동화하기 어려운 작업이며, 최종 조립 작업은 다양한 방식으로 이루어진다.

대량 맞춤 생산

1980년대 들어 제품 시장이 성숙하고 소비자들의 소득 수준이 올라가면서 소비자들은 더 다양한 제품 중에서 선택하길 원했고, 이에 따라 제품 수명주기가 단축되고, 산업의 경쟁이 확대되면서 개별 소비자에게 초점을 둔 전략의 필요성이 증가했다. 점점 커져 가는 제품 다양성과 고객 맞춤에 대한 요구에 부응하기 위해 제조기업들이 선택 사양들을 제공하기 시작하면서 대량 맞춤 생산mass customization이 시작되었다.

대량 맞춤 생산은 대량 생산에 가까운 원가와 효율성으로 개별 소비자들의 요구를 가장 잘 충족시키는 고객 맞춤 제품을 생산하는 것이다. 대량 맞춤 생산을 가능하게 하는 기술적 요인은 제품 모듈화(모듈에 대해서는 6장 참조)와 유연 생산시스템이고, 대량 맞춤을 위해 광범위하게 사용되는 전략은 차별화 지연 전략이다.

먼저, 제품의 모듈화가 맞춤 가능 제품과 대량 맞춤 생산을 가능하게 하는 요인이다. 모듈식 설계는 제품 아키텍처와 제품 플랫폼 개념에 의존하며, 다양한 소비자 요구 조건과 공학적 요구 조건을 만족하기 위해 조합되는 모듈로 부분 조립품들과 부품들을 조직하는 방식으로 제품을 설계하는 것이다. 따라서 모듈식 제품 설계는 표준 부품 수를 최대화할 수 있으며, 설계 유연성을 높이고, 모듈별로 각각 설계 및 생산할 수 있어 동시 공학同時工學, concurrent engineering과 유연 제조를 가능하게 한다. 고객 맞춤할 수 있는 표준화된 모듈 부품들로 이루어지는 모듈 설계 개념이 대량 맞춤 제품을 실현하고 적당한 가격으로 만든다.

두 번째 기술적 가능화 요인은 유연 생산시스템이다. 정보·컴퓨터 기술 도입으로 상대적으로 높은 수준의 정교함과 유연성을 갖춘 제조 시스템이 구축되었고, 이것이 대량 맞춤 생산을 가능하게 했다.

마지막으로 대량 맞춤 생산에서 차별화를 가능하게 하는 전략은 고객이 선택한 후에 제작·조립하는 차별화 지연이다. 제품의 모듈에 맞춰 생산공정을 분할하는 모듈식 공정 설계는 공정을 표준화하고, 필요에 따라 공정을 재배열하며, 차별화 공정을 지연시킴으로써 유연성을 확보한다. 제품과 공정, 공급망의 통합 설계 그리고 제품과 생산공정의 모듈식 구조로 차별화 지연 전략이 실현된다.

이렇게 기존 대량 생산의 경직성을 극복하고, 다양한 제품을 생산할 수 있는 유연성을 지닌 대량 맞춤 생산은 제품 다양성과 제품당 생산량 측면에서 장인 생산과 대량 생산의 중간에 위치한다.

자동차산업에서 모듈화와 생산시스템의 변화

생산 원리로서 모듈 방식은 오랜 역사를 갖고 있다. 여러 곳에서 만든 부품을 모아서 최종 조립라인에서 조립하는 자동차산업에서도 그렇다. 그래서 자동차산업에서는 설계가 아니라 생산에 기반해 모듈을 정의해 왔고, 자동차산업의 모듈 정의는 특이하다. 자동차산업에서 일반적으로 사용되는 모듈 정의[6]는 "차의 나머지 부분과 독립적으로 조립되고, 기능성이 시험되며, 최종 조립에서 한 번에 장착되는, 물리적으로 근접한 부품들의 덩어리"이다. 자동차의 모듈은 흔히 여

---

6 모든 산업에 공유되는 모듈성modularity 정의는 없다.

러 기능을 수행하고 복수의 복잡한 연결면^{Interface}을 갖는다. 일반적으로 이는 모듈성이 아니라 통합성[7]의 증거이다.

자동차는 안정되고 오래된 지배 디자인을 갖고 있고, 그래서 많은 연결면들이 잘 이해되고 있지만, 자동차의 모듈은 산업 수준에서 표준화되어 있지 않으며, 설계가 완성차 제조사에 따라 달라진다.[8] 즉 개방형 아키텍처가 아니라 폐쇄형 아키텍처를 갖고 있는 것이다.

자동차산업에서 모듈이 생산/공급되는 방식은 다음과 같이 네 가지 유형으로 분류할 수 있다.

1) 모듈라 컨소시움^{modular consortium}

차량을 특정 모듈 공급업체가 책임지는 부분 조립품^{sub-assembly}으로 분리하고, 완성차 조립 공장에 모듈 공급업체가 함께 입주해서 모듈 공급업체들이 해당 모듈을 제작하고 완성사의 최종 조립라인에서 차량에 직접 조립까지 하는 방식이다. 완성사는 제품 아키텍처 설계와 품질 표준은 물론 부지와 건물, 인프라를 제공하고, 완성사의 조립 공장에 위치한 모듈 공급업체들이 자본 투자와 일상적인 운영과 물류를 책임지고, 모든 조립 작업을 수행한다. 대표 사례는 벤츠의 스마트^{Smart} 생산 공장과 VW의 레센드^{Resende} 공장이 있다.

---

7 모듈성과 통합성, 아키텍처 등에 대해서는 6장에서 다룬다.

8 사실 기업 수준 표준화도 없다. 모듈의 경계와 그 속의 부품들은 한 완성사의 제품 라인에서도 모델에 따라 달라지는 것이 전형적이다.

2) 산업 콘도미니움industrial condominium 또는 모듈 공급 단지modular supplier park

완성사가 제품의 모듈을 고려하면서 생산시스템을 설계하고, 내부 작업과 하청 작업을 정의하며, 조립 공장 인근에 토지와 인프라를 마련하여 단지를 조성하고, 완성사가 선택한 모듈 공급업체들이 완성사 공장 주위에 전용 시설을 건립하고 모듈을 제작하여 (때로는 컨베이어를 이용하여) 완성사 조립라인에 모듈을 공급하는 방식이다. 이 방식에서는 모듈을 차에 장착하는 작업을 완성사가 수행한다.

3) 산업 지구industrial district 또는 위성 공장에서 JIT 공급

모듈 공급업체들이 완성차 공장 가까운 곳(몇십 킬로미터 이내)에 위성 공장을 세우고 트레일러트럭으로 JIT(Just-in-time, 적시 생산[9])/JIS(Just-in-sequence, 직서열 생산[10]) 방식으로 모듈을 공급하는 방식이며, 시트 공급이 대표적인 사례이다.

4) 사내 모듈

완성사가 필요한 부품들을 공급받아 조립 공장 자체에서 직접 모듈을 조립하는 방식이다.

---

9 부품을 미리 쌓아 두지 않고서도 필요한 때 공급하는 생산방식

10 완성품 업체가 부품에 서열 번호를 매겨 실시간으로 부품 제조업체에 발주하는 생산 방식

모듈화는 호환되는 단위가 부품에서 모듈로 확대하는 것이므로 모듈식 생산방식은 자동차 생산시스템에 큰 영향을 미친다. 우선 모듈화가 진전되면 완성사의 주 조립라인이 짧아지고 조립 시간이 단축된다. 둘째, 모듈 연결면이 표준화되고 주 조립라인의 조립 공정이 줄어들어 조립 자동화가 용이해진다. 셋째, 사양 차이에 따른 주 조립라인 작업량 차이가 줄어들어 유연 생산이 더 쉬워진다. 넷째, JIT 시스템 나아가 JIS 시스템 실현이 용이해진다. 다섯째, 일부 예외(사내 모듈)를 제외하면 외주화가 증가하여 복잡한 조달 관계가 집약, 단순화되고 인건비가 절감된다. 여섯째, 조립 노동 단순화와 조립 자동화로 노동의 탈숙련화가 진전되고 인건비가 절감된다.

2부
전동화와 전기자동차

05
전동화
- 거스를 수 없는 대세

전기자동차의 기본 장점은 조용하고 효율적이며 배기가스가 없고, 구동 모터가 낮은 회전속도에서 높은 토크torque를 낼 수 있어 초기 가속이 뛰어나다는 점이다. 반면 전기자동차의 기본 단점은 주로 배터리 성능에서 비롯된 것으로 내연기관차에 비해 에너지 저장 능력이 떨어지고, 충전 속도가 느리며, 항속거리가 짧다는 것이다. 제품으로서 전기자동차의 이런 장단점은 자동차산업 초기부터 명확했고, 현재도 그러하다.

먼저 등장했고 점유율에서도 우위에 있었던 전기자동차가 후발 주자인 내연기관차에 밀려났던 자동차산업의 역사에서 우리는 산업의 지배적인 제품이 되는 것은 제품 성능만으로 결정되지 않으며, 무엇이 핵심 성능인가 하는 것도 상황에 따라 달라질 수 있다는 것을 배웠다. 자동차산업의 성립이 사회 환경 변화와 기술 발전, 그리고 행위자들의 경합이 상호작용한 결과였듯이 현재 진행 중인 자동차산업의 전환도 그런 상호작용에 의해 진행되고 있다.

역사적으로 에너지 위기와 환경오염 문제가 심각해질 때마다 전기자동차가 해결책으로 여겨졌지만, 위기가 지나가면 전기자동차는 다시 수면 아래로 내려갔고, 내연기관차의 유일 지배가 계속되었다. 몇차례 반복해서 부각되었으나 계속 자동차산업의 주류 제품이 되는데는 실패해 '영원히 출현 중인 기술(eternally emerging technology, 따라서 등장이 영원히 완료되지 않을 기술)'이라는 냉소적인 별명까지 갖고 있던 전기자동차가 이번에는 상업화에 성공할 수 있을 것인가? 이것이 이른바 '디젤게이트'(2015년) 이전까지 기존 자동차회사와 자동차산업 관계자 다수가 가진 의구심이었다. 불과 십 년도 안 된 일이다.

주요 자동차 회사의 태도가 바뀌기 전에 이미 자동차산업의 지배적인 제품이 내연기관차에서 전기자동차로 바뀌는 '2차 자동차 혁명'이 시작되었다는 주장도 있었다. 이들은 내연기관차가 자동차산업의 지배적인 제품이 된 것을 '1차 자동차 혁명'으로 규정하고, 이를 분석하여 자동차 혁명의 네 가지 조건을 도출했다. 이들에 따르면, 1) 교통시스템의 위기를 해결하기 위한 긴급한 필요, 2) 다른 영역에서 발전한 혁신들을 결합, 조정하는 다양한 해결책, 3) 불확실성에도 불구하고, 특정 해결책을 위한 행위자 연합, 4) 특정 해결책을 채택, 일반화하기 위한 거시 경제적 결정과 공공정책이라는 네 가지 조건이 충족되어 2차 자동차 혁명이 진행 중이다.

이처럼 자동차산업의 전환이 사회 환경 변화와 기술 발전, 행위자들의 경합에 의해 진행된다는 것은 필자만의 주장은 아니다. ① 사회 환경 변화, 특히 기후 위기 심화와 이에 대한 대응, ② 배터리 기술 발전과 디지털화, '소프트웨어 정의 자동차'software-defined vehicle: SDV'[1]로의 진화 같은 기술 발전, ③ 각국 정부의 정책과 자동차 회사의 전동화 경쟁 등 행위자들의 경합이 현재 진행 중인 자동차산업 패러다임 전환의 세 바퀴이다. 기술 발전과 관련된 이야기는 다음 장부터 살펴보기로 하고, 이 장에서는 기후 위기에 대응하고 자국 자동차산업 경쟁력을 강화하기 위한 각국 정부의 정책과 자동차 회사의 전동화 경쟁에 대해 간략히 살펴본다.

주요 국가들의 강력한 환경 규제 정책

현재 진행 중인 전동화를 촉진하고 있는 기본 동인은 주요 국가들의 강력한 환경 규제 정책이다. 유럽을 비롯한 주요 국가들은 자동차 배기가스로 인한 환경오염을 줄이기 위해 배기가스 규제와 연비 규제, 그리고 친환경차 의무 판매 강제 등의 정책으로 전기자동차의 판매 확대를 강제하고 있다.

● 배기가스·연비 규제

먼저 배기가스 규제와 연비 규제부터 살펴보자. 기후 위기 대응에 가

---

1 소프트웨어로 정의되고 차별화되는 자동차를 가리킨다. 소프트웨어가 자동차의 주행 성능은 물론 편의 기능, 안전 기능, 심지어 차량의 감성 품질까지 규정한다.

장 적극적인 유럽연합(EU)은 업체 평균 이산화탄소(CO_2) 배기가스 규제 기준을 기존 130g/km에서 95g/km로 대폭(27퍼센트) 강화하는 규정을 2020년부터 단계적으로 시행했다. 2020년에는 제조사별로 배출량이 많은 5퍼센트를 제외한 신차에 이를 적용했고, 2021년부터는 모든 신규 등록 차량에 적용했다. 1g/km를 초과하면 95유로의 벌금이, 따라서 100만 대 판매업체를 기준으로 9,500만 유로(약 1,270억 원)의 벌금이 부과되는데, 이는 양산업체의 경우 매출액의 0.5~0.6퍼센트에 해당한다.

2018년 당시 유럽 전체적으로 내연기관 효율 향상, 디젤차 및 하이브리드차Hybrid Electric Vehicle, HEV 판매로 이루어진 이산화탄소 감축은 연평균 1.5g/km 수준이었고, 이 추세가 지속될 경우 2020년 유럽 업체 평균 이산화탄소 배출은 112g/km가 될 것으로 예상되었다. 게다가 디젤 규제 강화로 디젤차 판매가 급감하고 있어서 이 방식으로는 산업 평균 이산화탄소 배출 목표 95g/km 달성이 불가능했다. 결국 이산화탄소 배출 목표를 달성하기 위해 이산화탄소 감축 효과가 큰 플러그인 하이브리드차Plug-in Hybrid Electric Vehicle, PHEV[2]나 배터리 전기자동차Battery Electric Vehicle, BEV 판매 확대가 불가피했고, 따라서 이 규제는 직접적으로는 이산화탄소 배기가스 수준을 규제하고 있지만 결과적으로는 전기자동차 판매 확대를 강제하는 규제였다.

이제 이 규제의 효과를 살펴보자. 유럽자동차제조업체협회ACEA에

---

2 외부 충전이 가능한 하이브리드차. 전기동력차의 종류에 대해서는 6장 참조

서 발표한 자료에 따르면, 2020년부터 강화된 규제의 영향으로 신차 평균 이산화탄소 배출량은 2019년 122.0g/km에서 2020년 108.2g/km로 큰 폭으로 감소(-11.3퍼센트)했다(〈그림 5-1〉 참조). 〈그림 5-2〉에서 보듯이 이산화탄소 배출량이 130g/km 이상인 차량의 비중은 30퍼센트에서 20퍼센트로 줄어든 반면, 95g/km 이하인 차량의 비중은 9퍼센트에서 21퍼센트로 늘어났다. 개별 차종의 성능 개선 영향도 있겠지만, 전동차[xEV3] 판매 증가의 효과가 컸다.

판매 비중 기준으로 전기자동차[BEV]는 1.9퍼센트에서 5.4퍼센트로, 플러그인 하이브리드차[PHEV]는 1.1퍼센트에서 5.1퍼센트로, 하이브리드차[HEV]는 5.7퍼센트에서 11.9퍼센트로 증가한 반면, 가솔린차는 57.8퍼센트에서 47.5퍼센트로, 디젤차는 31.6퍼센트에서 28.0퍼센트로 감소했다. 배기가스 규제가 강화되고 있기 때문에 이런 경향은 앞으로 더 강해질 것으로 전망된다.

그러나 배기가스와 반대로 차량 생산에서 발생하는 이산화탄소 배출량은 오히려 증가했다(〈그림 5-3〉). 이는 주행단계와 달리 생산단계에서는 전기자동차가 내연기관차보다 온실가스 배출이 더 많기 때문이다. 이에 대해서는 9장에서 자세히 살펴볼 것이다.

---

3 전동차는 전동화된 차[electrified vehicle]로, 전기모터만을 동력기관으로 사용하는 배터리 전기자동차[BEV]뿐만 아니라 주 동력기관인 내연기관에 더해 전기모터도 동력기관으로 사용하는 플러그인 하이브리드 전기자동차[PHEV]나 하이브리드 전기자동차[HEV]까지 포함하고, 보통 xEV가 약어로 사용된다. 이 책에서는 전동차와 전기자동차를 구분해 사용하며, 특별히 언급하지 않는 한 전기자동차는 배터리 전기자동차만을 의미한다.

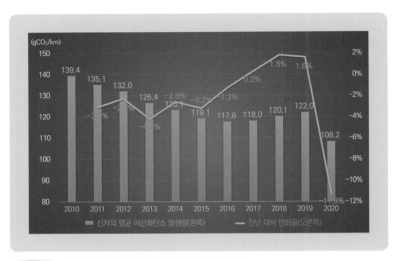

그림 5-1 유럽 지역 신차의 평균 이산화탄소 발생량 추이

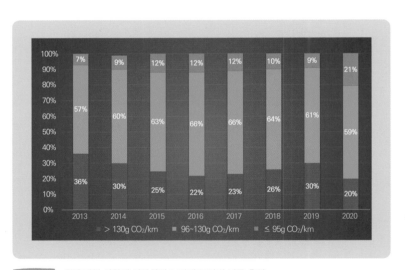

그림 5-2 유럽 지역 신차의 이산화탄소 발생 구간별 비중 추이

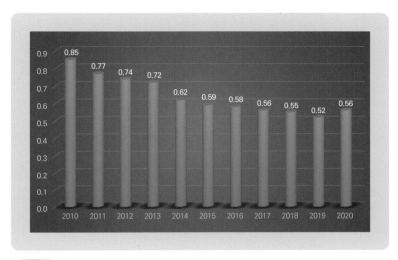

그림 5-3 유럽 지역 자동차 생산과정에서 발생하는 평균 이산화탄소 발생량 추이(톤/대)

다음 〈표 5-1〉에서 보듯이 유럽연합만이 아니라 주요 국가들도 온실가스와 연비를 규제하고 있다. 다른 국가들의 규제는 유럽연합에 비해 약하나, 내연기관차만으로는 이산화탄소 배출량을 대폭 줄이기 어려워 다른 나라에서도 온실가스와 연비에 대한 규제가 강화될수록 전동차 판매가 늘어날 것이다.

● **친환경차 판매 비율 강제**

배기가스 규제를 통해 간접적으로 친환경차 판매를 촉진하는 방식이 아니라 친환경차 판매를 직접 강제하는 나라들도 있다. 먼저, 중국 정부는 2020년까지 신에너지 자동차^{New Energy Vehicle, NEV}를 300만 대 보급한다는 목표로, 2018년부터 신에너지 자동차 점수^{NEV Credit} 의무 정

표 5-1 주요국 온실가스 및 연비 규제 동향

기준	한국		미국		EU	중국[1]	일본[1]
	연비	CO_2	연비	CO_2	CO_2	CO_2	CO_2
2025년	26	89	18.7	106.3	81	93.5	92.0 (2030년)
2020년	24.3	97	18.5	116.8	95 (2021년)	116.9	115.1
2015년	17	140	15.4	146.7	130	156.8 (2016년)	139.1

1) 연비 기준을 휘발유의 탄소 함량을 고려한 변환계수(2337g/l)를 이용하여 환산한 값으로 환산 방법 등에 따라 차이를 보일 수 있다.
2) 단위는 연비 km/l, 이산화탄소 배출량(CO_2)은 g/km이며, 미국은 연비와 온실가스 모두 규제하고, 한국은 둘 중 하나 선택

* 출처: 환경부(2021), NHTSA(2022. 03. 31.)

책을 시행했다. 이에 따르면 연간 생산량이나 수입량이 3만 대 이상인 자동차 제조업체는 신에너지 자동차를 생산하거나 수입, 또는 신에너지 자동차 점수(크레디트)를 구입해서 연간 판매량의 일정 비율 이상에 해당하는 점수(크레디트)를 만족시켜야 한다.

신에너지 자동차는 플러그인 하이브리드차와 전기자동차, 수소연료전지차Fuel Cell Electric Vehicle, FCEV가 포함되며, 대당 점수는 차종별 최소 전기 항속거리를 만족하는 차량에 대해 차종과 항속거리, 에너지 효율 수준에 따라 결정된다. 자동차 제조업체가 만족시켜야 할 최소 점수 비율은 2018년 8퍼센트에서 시작해, 2019년 10퍼센트, 2020년에는 12퍼센트까지 올라갔고, 2023년에는 18퍼센트까지 올라간다.

미국 캘리포니아주는 무배기차Zero Emission Vehicle, ZEV[4]를 2020년까지 100만 대, 2025년까지 150만 대 보급하겠다는 정책을 고수하고 있다. 이에 따라 무배기차 의무 판매 비율이 2018년 4.5퍼센트에서 2025년 22퍼센트까지 단계적으로 확대되며, 이에 미달하면 1점(크레디트)당 5,000달러의 벌금이 부과된다.

캐나다 퀘벡주는 전기자동차 점수(크레디트)를 2020년 9.5퍼센트, 2025년 22퍼센트 달성하도록 요구하고 있으며, 브리티시 컬럼비아주는 무배기차 판매 비율을 2025년 10퍼센트, 2030년 30퍼센트, 그리고 2040년에는 100퍼센트로 규제하고 있다. 캐나다 정부는 여기에서 더 나아가 모든 승용차를 무배기차로 하는 시점을 2040년에서 2035년으로 앞당기는 규제를 2022년 3월 개시했다.

전기자동차 보급을 위한 국제적 노력으로는 전기자동차 이니셔티브Electric Vehicle Initiative, EVI[5]가 온실가스 감축을 위해 2017년부터 '2030년까지 전기자동차 판매 점유율 30퍼센트 달성'을 목표로 벌이고 있는 EV30@30 캠페인이 있다. 현재 영국, 프랑스, 네덜란드, 스웨덴, 노르웨이, 핀란드, 캐나다, 일본, 중국, 인도가 이 EV30@30 캠페인에 참여하겠다고 서명했다.

---

4 무배기차에는 플러그인 하이브리드차와 전기자동차, 수소연료전지차가 포함된다.

5 전기자동차 이니셔티브는 전기자동차 보급 촉진을 위해 청정에너지장관회의Clean Energy Ministerial, CEM 산하에 설치된 다자간 정책 포럼이다. 현재 캐나다, 칠레, 중국, 핀란드, 프랑스, 독일, 인도, 일본, 네덜란드, 뉴질랜드, 노르웨이, 폴란드, 포르투갈, 스웨덴, 영국과 미국 등 16개국이 참가하고 있다.

● 내연기관차 판매 금지

2021년 7월 14일 유럽연합(EU) 집행위원회는 2030년까지 탄소 배출량을 1990년 수준 대비 55퍼센트 감축하기 위한 입법안 패키지, 이른바 '핏 포 55(Fit for 55)'를 발표했다. 이에 따르면, 탄소 감축 목표가 2030년까지 승용차 부문 37퍼센트에서 55퍼센트로, 승합차 부문 31퍼센트에서 50퍼센트로 상향된다. 나아가 2035년에는 100퍼센트 감축을 목표로 하여 하이브리드차와 플러그인 하이브리드차를 포함하여 내연기관을 사용하는 승용차과 소형 상용차는 2035년 이후 신차 판매가 금지된다(〈그림 5-4〉). 2035년 이후 내연기관 사용 신차 판매 금지 법안은 2022년 6월 8일 유럽의회에서 다수 찬성으로 통과되었으며, 일부 반대의 목소리가 있었지만 2022년 6월 29일 유럽연합 환경장관 이사회가 합의함으로써 사실상 법률로 결정되었다. 이후 유럽연합 집행위원회와 의회, 이사회

그림 5-4 유럽연합 핏 포 55(Fit for 55) – 자동차 부문 감축 목표

간 상세 조항에 대한 협의를 거쳐 빠르면 2023년 초에 최종 법률이 확정될 것으로 예상된다.

적지 않은 국가들이 앞서 살펴본 배기가스 규제나 친환경차 판매 비율 강제보다 더 강력한 방식, 즉 내연기관차 판매 자체를 금지하고 전기자동차나 수소연료전지차만 판매를 허용하는 정책을 시행할 것임을 선언했으며, 일부에서는 전기자동차와 수소연료전지차에 더해 플러그인 하이브리드차까지만 허용하는 정책을 시행하겠다고 밝혔다.

2021년 말 기준으로 각 나라의 내연기관차 퇴출 정책을 시각화하면 〈그림 5-5〉와 같다. 이 그림은 유럽 국가들이 내연기관차 판매 금지에 적극적이라는 것을 시각적으로 잘 보여준다. 2025년 이후 배터리 전기자동차와 연료전지차만 허용하는 노르웨이가 가장 앞서가고 있다. 영국과 덴마크, 스웨덴은 2030년 이후 순수 내연기관차 판매를 금지하고, 영국과 덴마크는 2035년 이후에는 하이브리드차와 플러그인 하이브리드차도 판매를 금지하기로 했다. 프랑스는 2030년까지 파리에서, 2040년까지 전 지역에서 가솔린 또는 디젤 차량 신규 판매를 금지하며, 스페인은 2030년까지 바르셀로나에서, 2040년까지 전 지역에서 모든 신규 판매는 무배기차로 의무화했다.

그림 5-5 내연기관 신차 판매금지 정책 현황(2022년 3월 기준)

중국 정부의 강력한 전동화 의지

주요 국가들의 이러한 환경 규제와 별개로 이번 전동화를 거품으로 그치지 않게 할 원동력 중 하나는 중국 정부의 강력한 전동화 의지이다. 중국 정부는 심각한 대기오염을 줄이고 수입 석유 의존도를 줄여 에너지 안보를 확보하겠다는 것에 더해 중국을 자동차산업 주도국으로 성장시키겠다는 목표로 전동화를 강력하게 추진해 왔다.

현재 자동차산업에서 주류를 점하고 있는 내연기관차의 경우 중국 업체들이 선진 업체들의 기술력을 따라잡으려면 긴 시간과 많은 노력이 필요하지만, 전기자동차의 경우 기술 격차가 그리 크지 않기 때문이다. 또한 배터리 생산 능력은 오히려 중국이 우위에 있으며, 중국은 전기자동차 대량 생산과 판매에 가장 좋은 환경이고, 현재 전기자동차가 가장 많이 생산되고 판매되는 시장이다.

자동차산업 전동화를 위해 중국 정부는 2009년 10개 시범도시에서 매년 신에너지 자동차 1,000대씩을 생산하는 '10개 도시, 차량 1,000대十城千輛' 정책을 시작으로 2012년 '에너지 절감 및 NEV 산업 발전계획(2012~2020년)', 2020년 '신에너지 자동차산업 발전계획(2021~2035년)'을 제정하여 추진해 왔다.

중국 정부의 전기자동차 중심 자동차 산업정책이 결실을 맺고 있다. 단적인 예로 중국은 2021년 49만 9573대[6]의 전기자동차를 수출해 2020년 대비 260퍼센트라는 비약적인 성장을 일구어냈다. 특히 자동차 선진 시장인 유럽에 가장 많은 수출량을 기록했는데, 2021년 유럽 수출 규모는 23만 대로 2020년 대비 5배 증가했다. 주요 자동차 선진국들의 전기자동차 수출 실적을 보면, 독일 23만 대, 한국 15만 4000대, 미국 11만 대, 일본 2만 7400대 수준이다. 중국의 전기자동차 수출 실적은 독보적이다. 게다가 전기자동차 가격 인하에도 성공하고 있다. 지난 10년간 유럽의 전기자동차 평균 가격은 28퍼센트(3만 3292유로→4만 2568유로) 오른 반면, 중국의 전기자동차는 47퍼센트

---

6 이 수치는 테슬라의 상하이공장 생산분 10만 대를 포함했지만, 이를 제외해도 중국은 전기자동차 수출 1위로, 다른 나라와 격차가 크다.

(4만 1800유로→2만 2100유로) 떨어졌다.

　세계 최대 자동차 시장인 중국을 포기할 수 없는 글로벌 자동차 회사들은 중국 정부의 전동화 정책에 적극적으로 호응할 수밖에 없으며, 이는 글로벌 자동차 회사들의 전략에도 큰 영향을 미치고 있다. 더 나아가 글로벌 자동차 회사들은 중국만이 아니라 주요 선진 시장에서도 전동화 지연이 아니라 전기자동차 시장 선점으로 전략을 바꾸고 적극적인 전동화 계획을 발표하고 있다.

기존 자동차 회사의 태세 전환

심화되는 기후 위기와 환경 의식의 고조, 그에 따른 각국 정부의 강력한 환경 규제에 따라 내연기관차 위주로 생산, 판매해 왔던 기존 자동차 회사도 적극적으로 전동화에 임하고 있다(〈표 5-2〉 참조).

　먼저 기존 자동차 회사 중에서 가장 극적인 태세 전환을 보여주고 있는 폭스바겐 사례를 살펴보자. 본래 '클린 디젤'을 강조하며 전동화에 미온적이었던 폭스바겐은 늦은 출발을 만회하기 위해 거침없는 행보를 보여주고 있다. 2021년부터 2025년까지 매 2년마다 전체 차량 판매 중 전기자동차의 비중을 2배씩 늘려 2025년에는 전기자동차를 백만 대 이상 판매하고, 2026년까지 전기자동차 생산 능력을 350만 대로 확대할 계획이다. 그리고 2030년까지 약 70개 차종의 전기자동차를 출시해 2030년에는 전기자동차 판매 비중을 유럽 70퍼센트, 중

표 5-2 주요 자동차 회사의 전동화 및 투자 계획(2022년 8월 기준)

회사	전기자동차 개발 및 판매 목표	투자 계획
도요타	• 2030년까지 전기자동차 30개 모델 출시 • 2030년 전기자동차 판매 350만 대(렉서스 100만 대) 판매(북미, 유럽, 중국 100퍼센트 전기자동차로 전환)	• 2022~2030년 전기자동차 4조 엔(배터리 2조 엔 포함) • HEV, PHEV, FCEV: 4조 엔, 총 8조 엔
폭스바겐	• 2030년까지 전기자동차 약 70개 차종 출시 • 2025년 전기자동차 백만 대 이상 판매 • 2026년까지 전기자동차 350만 대 생산 능력 • 2030년 전기자동차 판매 비중 50퍼센트(유럽 70퍼센트, 중국 및 미국 50퍼센트 이상)	• 2022~2026년 전기자동차와 전동화에 520억 유로 투자
현대자동차	• 2030년까지 전기자동차 17개 차종(현대 11, 제너시스 6) • 2026년 전기자동차 84만 대 판매(전체 판매 중 17퍼센트) • 2030년 전기자동차 187만 대(현대 152만 대, 제너시스 35만 대, 100퍼센트 전동화) 판매(전체 판매 중 36퍼센트), 시장점유율 7퍼센트	• 2022~2030년 전동화 19.4조 원 투자
기아	• 2027년까지 전기자동차 14개 차종 • 2026년 전기자동차 80.7만 대 판매(전체 판매 중 21퍼센트) • 2030년 전기자동차 연 120만 대(전체 판매 중 30퍼센트)	
GM	• 2025년까지 전기자동차 30종 출시(북미 20종 이상) • 2025년 전기자동차 연간 100만 대 이상 판매 • 2025년까지 북미와 중국 각각 전기자동차 100만 대 이상 생산 능력 • 2035년까지 100퍼센트 전기자동차	• 2020~2025년 전기자동차와 자율주행 차량에 350억 달러 이상 투자
스텔란티스	• 2030년 전기자동차 75종 이상, 연 판매 5백만 대 (유럽 100퍼센트, 미국 50퍼센트)	• 2021~2025년 전동화와 SW에 300억 유로 투자
포드	• 2024년 전기자동차 60만 대 생산 능력 • 2026년 전기자동차 2백만 대 이상 생산(전체의 1/3), 2030년 50퍼센트 • 주요 시장 2035년까지, 전 세계 2040년까지 모든 신차를 전기자동차로 전환	• 2022년~2026년 전기자동차에 500억 달러 이상 투자

* 출처: 각 회사 발표 자료

국 및 미국 50퍼센트 이상으로 높이겠다고 한다.

폭스바겐은 이러한 목표를 달성하기 위해 전동화 투자를 급격하게 늘려 나가고 있다. 앞으로 5년간 전동화 투자 규모는 2018년 말 투자 계획(2018년 11월 16일 발표)에서는 2019~2023년 320억 유로였으나, 현재(2021년 12월 10일 발표) 계획에서는 2022~2026년 520억 유로로 1.63배가 되었으며, 전체 투자에서 차지하는 비중도 21퍼센트에서 33퍼센트로 1.57배가 되었다.

폭스바겐뿐만 아니라 다른 자동차 회사들도 전기자동차 시대에 살아남기 위해 적극적인 노력을 펼치고 있다.

현대자동차는 2030년까지 전기자동차 17개 차종(현대 11개 차종, 제네시스 6개 차종)을 출시해 2026년에는 전기자동차를 84만 대(전체 판매 중 17퍼센트)를 판매하고, 2030년에는 전기자동차를 187만 대(전체 판매 중 36퍼센트) 판매하여 전기자동차 시장점유율 7퍼센트를 달성하는 것을 목표로 하고 있다. 이를 위해 2022~2030년 전동화에만 19조 4천억 원을 투자할 계획이다.

기아는 2027년까지 전기자동차 14개 차종을 출시하며, 2026년에는 전기자동차를 80.7만 대(전체 판매 중 21퍼센트)를 판매하고, 2030년에는 120만 대(전체 판매 중 30퍼센트)를 판매하는 것을 목표로 하고 있다.

일찍부터 전기자동차에 적극적이었던 GM은 2025년까지 전기자동차 30종을 출시하고, 2025년에는 전기자동차를 100만 대 이상 판매할 계획이다. 또한 북미와 중국에 각각 전기자동차 100만 대 이상 생산 능력을 갖추고 2035년까지 100퍼센트 전기자동차로 전환할 계획이다. 이를 위해 2020~2025년 전기자동차와 자율주행 차량에 350억 달러 이상을 투자하기로 했다.

스텔란티스는 2030년까지 전기자동차를 75차종 이상을 출시하고, 2030년에 유럽에서는 전기자동차만 판매하고, 미국에서는 전기자동차 판매 비중을 50퍼센트로 높여 전기자동차를 5백만 대 판매하는 것을 목표로 하고 있다. 이 목표를 달성하기 위해 2021~2025년 전동화와 소프트웨어에 300억 유로를 투자할 계획이다.

포드는 2024년 전기자동차 60만 대 생산 능력을 갖추고, 2026년에는 전체 생산의 3분의 1가량인 2백만 대 이상을 전기자동차로 생산하며, 2030년까지 전기자동차 비중을 50퍼센트로 확대하는 것을 목표로 세웠다. 주요 시장은 2035년까지, 세계적으로는 2040년까지 모든 신차를 전기자동차로 전환하겠다고 한다. 이를 위해 포드는 2022~2026년 전기자동차에 500억 달러 이상을 투자할 계획이다.

2020년에 이어 2021년에도 전 세계 자동차 판매량 1위를 차지한 도요타는 그동안 전기자동차에는 소극적인 태도를 보여 왔다. 내연기관이 아니라 탄소 배출이 문제이며, 탄소 중립에 이르는 최적 경로는 각국의 에너지 사정에 따라 다르고, 전기자동차만으로 기후 위기에 대응할 수 없으며, 내연기관차의 급격한 퇴출은 기존 부품사와 일자리에 심각한 문제를 일으킬 것이라는 인식 때문이었다. 이에 따라 도요타는 하이브리드 자동차 확산과 전고체전지 개발에 역점을 두어 왔고, 전기자동차 개발에는 소극적이었다.

그러나 대세는 이미 전기자동차로 기울었고, 도요타도 2021년 12월 14일 전기자동차 전략을 발표했다. 도요타는 2030년까지 전기자동차 30개 모델을 출시해, 2030년에는 전기자동차 350만 대(렉서스 100만 대) 판매를 달성할 계획이다. 이를 위해 2022~2030년 배터리 투자 2조 엔을 포함해 전기자동차에 4조 엔을 투자할 계획이다. 도요타는 전기자동차뿐만 아니라 다른 전동차(하이브리드차, 플러그인 하이브리드차, 수소연료전지차)에도 4조 엔을 투자해 여전히 다른 자동차 회사들과는 전동화 전략에 상당한 차이가 있음을 보여준다.

전기자동차에 소극적인 도요타가 과연 큰 어려움을 겪게 될까? 아니면 전기자동차에만 집중하지 않고 다양한 대안을 병행했기에 세계 1위의 자리를 지키게 될까? 아마도 몇 년 안에 판가름이 날 것으로 보인다.

지금까지 살펴본 자동차 회사들의 전동화 노력은 기본적으로 기후위기 대응을 위한 각국 정부의 강력한 환경 규제와 자동차산업 정책에 부응하는 것이다. 이보다 부차적이긴 하지만, 자동차가 소프트웨어를 통해 다양한 기능을 구현하는 '소프트웨어 정의 자동차'로 발전하고 있고, 소프트웨어 정의 자동차로는 내연기관차보다 전기자동차가 더 적합하다는 점도 전기자동차의 확산에 기여하고 있다. 이런 전기자동차의 특성에 대해서는 다음 장에서 살펴보기로 한다.

점점 가속되고 있는 전기자동차 판매

지금까지 살펴본 주요 국가 정부들의 정책과 자동차 회사들의 전동화 전략, 그리고 앞으로 살펴볼 기술 발전이 상호작용하여 전기자동차는 빠르게 확산되고 있다.

　세계 판매량은 2020년 222만 대에서 2021년 477.8만 대로, 2022년에는 802만 대로 증가했고, 신차 판매에서 차지하는 비중도 2020년 2.9퍼센트에서 2021년 5.9퍼센트로, 2022년에는 9.9퍼센트로 빠르게 상승하고 있다(《그림 5-6》). 2020년 대비 2022년 세계 판매량은 3.61배, 침투율은 3.41배로 증가한 것이다.

그림 5-6 세계 전기자동차 판매 대수(단위: 만 대) 및 침투율* 추이

*침투율: 전체 차량 판매 중 전기자동차 판매 비중

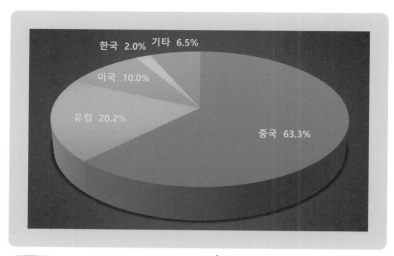

2021년 국가별 전기자동차 판매 비중

2022년 기준 국가별 판매 대수는 중국이 507.5만 대로 점유율 63.3퍼센트에 이르러 다른 국가들을 압도하고 있고, 다음으로 유럽이 162.3만 대로 점유율 20.2퍼센트, 미국이 80.3만 대로 점유율 10.0퍼센트에 이른다(〈그림 5-7〉).

2022년 1분기 기준 세계 전기자동차 판매 실적을 자동차 회사별로 살펴보면, 테슬라가 세계 시장점유율 26퍼센트로 1위이며, BYD(10퍼센트), GM(9퍼센트), VW(6퍼센트), 현대·기아차(6퍼센트) 순이다(〈표 5-3〉 참조).

지금까지 살펴본 것처럼 현재 진행 중인 전동화는 과거 수차례 반복되었던 전동화와 달리, 거품에 그치지 않고 비가역적으로 발전하게 될 것이며, 당분간 전기자동차 판매는 각국 정부의 규제에 의한

표 5-3 글로벌 전기자동차 시장 메이커별 판매 순위

순위	판매량(천 대) · 점유율(%)			
	2019년	2020년	2021년	2022년 1분기
1	테슬라 304.8 (20%)	테슬라 442.3 (22%)	테슬라 1,030.5 (23%)	테슬라 388.1 (26%)
2	BAIC 149.4 (10%)	GM 218.5 (11%)	GM 501.9 (11%)	BYD 143.6 (10%)
3	BYD 146.3 (10%)	폭스바겐 211.8 (10%)	폭스바겐 428.4 (9%)	GM 125.1 (9%)
4	르노-닛산 143.9 (9%)	르노-닛산 184.3 (9%)	BYD 322.1 (7%)	폭스바겐 94.4 (6%)
5	현대·기아차 109.9 (7%)	현대·기아차 158.6 (8%)	현대·기아차 260.5 (6%)	현대·기아차 84.7 (6%)
6	GM 87.9 (6%)	BYD 131.2 (6%)	르노-닛산 248.1 (5%)	르노-닛산 62.5 (4%)
7	폭스바겐 69.4 (5%)	SAIC 68.9 (3%)	스텔란티스 181.9 (4%)	지리자동차 58.0 (4%)
소계	1,011.6 (66%)	1,415.6 (69%)	2,973.4 (65%)	956.4 (65%)
전체	1,533.7 (100%)	2,042.4 (100%)	4,585.8 (100%)	1,473.5 (100%)

* 출처: Marklines[성지영(2022)에서 재인용]

'강제된 성장'을 하겠지만, 배터리 가격의 인하로 전기자동차의 가격이 내연기관차의 가격과 비슷해지면 '시장 수요에 의한 성장'이 가속화될 것으로 전망된다.

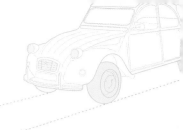

06
전기자동차

현재 자동차의 지배적인 동력원은 내연기관이지만, 전기 구동 모터를 동력원으로 하는 전기자동차가 점차 확산되고 있다. 동력원에 따라 자동차를 분류해 보면, 내연기관차와 배터리 전기자동차만 있는 것이 아니라 다양한 유형의 차들이 있다. 〈표 6-1〉은 동력원에 따라 자동차를 분류하여 보여주고 있다.

내연기관차와 하이브리드차의 주 동력원은 내연기관이며, 항속거리 연장형 전기자동차와 배터리 전기자동차, 연료전지 자동차의 주 동력원은 전기모터이다. 모델마다 다르긴 하지만, 일반적으로 플러그인 하이브리드차는 약 50킬로미터 정도는 전기모터만으로 주행할 수 있고, 그 범위를 넘어서면 내연기관이 주 동력원으로 사용된다. 일상에서 많은 경우 1회 주행거리가 50킬로미터 이하이므로 전기모터만을 사용하는 전기자동차 주행 모드로 운행할 수 있으며, 외부 전원으로 고전압 배터리를 충전할 수 있는 플러그인 하이브리드차를 전기자동차로 분류하기도 한다.[1] 이 책에서 전기자동차는 전기모터만

표 6-1 동력원에 따른 자동차 분류

		내연기관차[1]	하이브리드차[2]	플러그인 하이브리드차[3]	항속거리 연장 전기차[4]	배터리 전기차[5]	연료전지 전기차[6]
에너지/에너지원	기본	석유	석유	석유/전기	전기	전기	수소
	보조	×	전기		석유	×	전기
동력원	기본	내연기관	내연기관	내연기관/전기모터	전기모터	전기모터	전기모터
	보조	×	전기모터		×	×	×
구조							
특징		내연기관으로만 주행	전기모터가 내연기관 보조	외부 충전/상당 거리 전동 주행 가능	발전용 내연기관 장착→항속거리 연장	전기모터로만 주행	연료전지로 발전 전기모터로만 주행

[1]ICE: Internal Combustion Engine, [2]HEV: Hybrid Electric Vehicle, [3]PHEV: Plug-in Hybrid Electric Vehicle, [4]REEV: Range Extended Electric Vehicle, [5]BEV: Battery Electric Vehicle, [6]FCEV: Fuel Cell Electric Vehicle

* 출처: Amsterdam Roundtable Foundation and McKinsey & Company The Netherlands(2014) 등 참고하여 저자 작성

을 주 동력원으로 사용하는, 순수 전기자동차라 할 수 있는 배터리 전기자동차를 의미한다.

이 장에서는 자동차의 주류로 부상하고 있는 전기자동차가 현재 지배자인 내연기관차와 어떻게 다른지 살펴보자.

자동차의 기존 지배 디자인에서 이탈

현재 자동차의 지배 디자인은 내연기관을 동력원으로 하고, 강철을 차체 주재료로 사용하는 일체형 차체로 대표되는 통합형 아키텍처의 제품이다. 점점 확산되고 있는 전기자동차는 이런 내연기관차 중심의 지배 디자인에서 점차 벗어나고 있다.

먼저 동력원의 변화이다. 현재 자동차의 기본 동력원은 내연기관이며, 전륜구동이나 후륜구동은 물론 사륜구동일지라도 엔진 하나만 전방에 배치된 엔진룸에 장착된다. 즉 기존 지배 디자인은 동력원인 내연기관이 구동 방식과 무관하게 전용 공간에 하나만 장착되는 것이다.

전기자동차는 동력원의 종류가 내연기관 엔진에서 전기 구동 모터로 바뀔 뿐만 아니라, 하나의 엔진이 장착되는 내연기관차와 달리 동

---

1 특히 유럽에서는 플러그인 하이브리드를 전기자동차로 분류하는 것이 일반적인데, 전기자동차 관련 통계를 살펴볼 때는 항상 이 점에 유의해야 한다.

력원 수도 다양해진다. 2륜 전기자동차는 구동 모터가 하나이지만, 4륜 전기자동차는 구동 모터가 두 개이다. 더 나아가 바퀴별로 전용 모터가 있는 인-휠in-wheel 방식을 채택한 전기자동차에는 구동 바퀴 수만큼 구동 모터가 장착된다. 구동 방식에 관계없이 엔진이 단 하나만 있는 내연기관차와 달리 전기자동차는 구동 방식에 따라 다양한 수의 구동 모터가 있는 것이다.

다음으로 동력원의 위치를 살펴보면, 내연기관차와 마찬가지로 구동 모터가 엔진룸에 위치해 기존 지배 디자인을 따르는 유형(GM 볼트 EV, 현대자동차 코나 일렉트릭)도 있지만, 구동되는 바퀴 사이에 위치해 기존 지배 디자인에서 벗어나는 유형(BMW i3, 테슬라 모델 S, 현대자동차 아이오닉 5)도 있다. 인-휠 방식을 채택한 전기자동차라면 구동 모터가 바퀴에 위치하게 된다. 동력원인 엔진의 위치가 엔진룸으로 고정되어 있는 내연기관차와 달리 전기자동차는 동력원인 전기모터의 장착 위치가 다양할 수 있다. 이는 자동차 설계의 중요 제약 조건 중 하나가 사라지는 것이다.

동력원의 변화는 동력원만의 변화로 그치지 않고 동력계, 즉 동력 시스템의 변화를 가져온다. 동력원이 작동하려면 필수적인 부대 장치들이 있어야 하기 때문이다. 엔진의 경우 엔진 내부에서 연료를 연소시켜 동력을 발생하는 내연기관이므로 연료 시스템과 흡·배기 시스템이 반드시 필요하며, 엔진에서 발생하는 동력을 효율적으로 이용하기 위해서는 차의 주행속도에 맞게 적절하게 엔진 크랭크 축의 회전수와 바퀴의 회전수 사이 비율을 조절해주는 다단 변속기가 필요하다. 그러나 구동 모터는 내연기관이 아니므로 연료 시스템과 흡·배기 시스템이 필요하지 않으며, 다단 변속기도 필요 없다. 대신 구동 모터에 전기를 공급할 고전압 배터리가 필요하다(〈그림 6-1〉).

다음으로 차체 주재료의 변화이다. 현재 지배 디자인에서 차체의 주재료는 강철이다. 그러나 전기자동차의 경우 항속거리를 늘리려면 경량화가 중요하고, 이에 따라 경량 소재 사용이 확대되고 있다. 차체 주재료로 강철을 유지하면서 경량 소재 적용을 확대한 사례들(GM의 볼트 EV나 현대기아차의 전기자동차)도 있고, 차체 주재료를 비철금속(알루미늄)으로 바꾼 사례(테슬라 모델 S, X)도 있으며, 더 나아가 차체 주재료를 비금속 재료(탄소섬유강화플라스틱)로 바꾼 사례(BMW i3)도 있다.

내연기관차의 경우 경량화는 연료비의 감소, 즉 경제성을 의미하지만, 전기자동차의 경우 경량화는 항속거리 증대를 의미한다.[2] 항속거리 증대는 현재 전기자동차 구매에 가장 큰 장애 요인을 완화하는 것이므로 대단히 중요하다. 그런데 일반적으로 전기자동차의 동력계는 고전압 배터리의 무게로 인해 동급 내연기관차의 동력계보다 200~400킬로그램 정도 더 무겁다. 경량화가 중요한 전기자동차가 구조적으로 더 무거울 수밖에 없는 모순을 완화하기 위해 높은 원가 부담과 제조공정의 어려움 때문에 내연기관차에는 잘 사용하지 않는

---

2 일반적으로 중형 전기자동차 기준으로 중량이 10퍼센트 줄면 항속거리가 13.7퍼센트 늘어나는 것으로 알려져 있다.

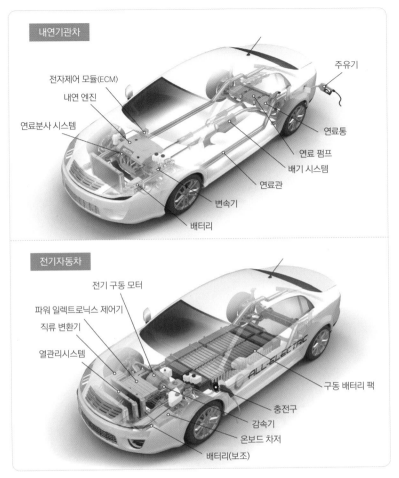

내연기관차

전자제어 모듈(ECM)

내연 엔진

연료분사 시스템

주유기

연료통

연료 펌프

배기 시스템

연료관

변속기

배터리

전기자동차

전기 구동 모터

파워 일렉트로닉스 제어기

직류 변환기

열관리시스템

ALL-ELECTRIC

구동 배터리 팩

충전구

감속기

온보드 차저

배터리(보조)

그림 6-1 내연기관차와 전기자동차 동력계 비교

경량 소재를 사용해서라도 차체의 무게를 줄일 수밖에 없는 것이다.
또 경량화로 항속거리가 늘어나면 고가이면서 무거운 고전압 배터리
탑재 용량을 줄일 수 있다.

자동차산업의 역사를 살펴보면, 내연기관차의 차체 주재료가 본래 강철이었던 것은 아니다. 동력원의 종류와 별개로 강철 차체가 갖는 이점이 컸고, 이에 따라 강철 차체가 지배 디자인의 일부가 된 것이다. 따라서 동력원이 바뀐다고 해서 반드시 차체의 주재료가 바뀌어야 하는 것은 아니다. 그러나 현재의 사회적 조건에서는 전기자동차의 항속거리 증대를 위해 경량화가 중요하고, 자동차산업 초기와 달리 다양한 경량 소재와 가공 기술이 발달했으므로 차체의 주재료가 다양해지고 있다.

자동차산업에서 차체 주재료의 변화, 즉 강철 차체의 도입은 자동차라는 제품에 큰 영향을 미쳤을 뿐 아니라 자동차 생산시스템과 자동차산업에도 막대한 영향을 미쳤다. 차체 주재료의 새로운 변화, 즉 강철 차체로부터의 탈피 역시 자동차 생산시스템과 자동차산업에 큰 영향을 미칠 가능성이 높다.

주류 제품이 내연기관차에서 전기자동차로 바뀌면서 발생하는 제품 아키텍처의 변화는 제대로 이해하기가 쉽지 않다. 그래서 상세한 설명이 필요한데, 먼저 제품 아키텍처가 무엇인지부터 시작해보자.

제품 아키텍처

제품 아키텍처product architecture는 제품의 전체적인 성능에 기여하는 제품의 기능 요소들을 제품의 기능을 구현하는 부품과 부분 조립품 등

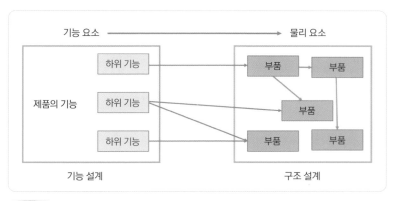

그림 6-2 제품 아키텍처: 제품의 기능 요소와 제품의 물리 요소 대응

제품의 물리 요소들에 대응하는 정의 또는 체계이다. 즉 제품 아키텍처는 제품을 구성하는 핵심 부품을 어떻게 연결하는가에 관한 기본 개념으로, 제품의 요구 기능을 어떻게 전개하고, 제품을 어떤 부품으로 나누고, 기능을 어떻게 배분하며, 부품 간 연결면을 어떻게 설계하는가 등에 관한 기본 규칙을 결정한다(《그림 6-2》).

제품 아키텍처의 기본형은 모듈형 아키텍처와 통합형 아키텍처로 구분한다(《그림 6-3》). 모듈형 아키텍처는 기능을 구현하는 부품들의 집합인 덩어리가 한 가지 기능 요소만을 구현하며, 덩어리들 사이의 상호작용이 명확히 정의되어 있고, 이것이 제품의 주요 기능을 구현하는 데 핵심 역할을 하는 아키텍처이다. 이러한 특성을 만족시키는 덩어리를 모듈module이라고 하며, 모듈형 아키텍처는 필요한 기능적 변경을 하면서도 물리적 변경을 최소화할 수 있게 한다.

반면 통합형 아키텍처는 다음 중 하나 이상의 특성을 지닌다. 제

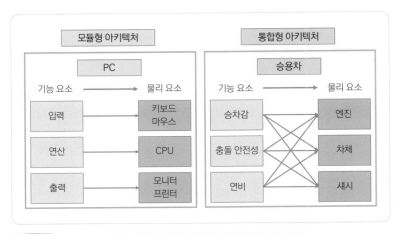

그림 6-3 제품 아키텍처의 기본형: 모듈형 아키텍처와 통합형 아키텍처

품의 한 기능 요소가 둘 이상의 덩어리들에 의해 구현되거나, 하나의 덩어리가 많은 수의 기능 요소를 구현하고 덩어리들 사이 상호작용이 명확히 정의되어 있지 않아 제품의 주요 기능과는 무관한 부수적 기능만 담당한다.

즉 모듈형 아키텍처는 제품의 기능 요소와 물리 요소가 1:1로 대응하며, 부품들 간 상호작용이 명확히 정의되어 연결면이 분리되는 아키텍처이고, 통합형 아키텍처는 이런 요건을 만족하지 않는 아키텍처로, 제품의 기능 요소와 물리 요소가 복잡하게 대응하거나, 부품들 간 연결면이 분리되지 않는 아키텍처이다.

따라서 모듈형 제품은 제품을 구성하고 있는 요소 사이의 연결면이 일정한 규칙을 따른다면 각각의 요소는 다른 요소와 상호 조정을 하지 않고 독립적으로 설계가 가능하며, 그것을 조합만 하면 완성품이 되는 제품이다. 반면 통합형 제품은 제품을 구성하고 있는 요소가 서로 영향을 주고 있어, 제품에 필요한 기능이나 성능 등의 품질을 실현하기 위해서는 각 구성 요소의 관계를 조정하여 설계하지 않으면 안 되는 제품이다.

그러나 이런 이상적인 정의에 부합하는 모듈형 제품은 대단히 드물며, 전형적인 예인 개인용 컴퓨터[PC]는 예외적인 경우이고, 대부분의 제품은 모듈형과 통합형 특성의 조합을 보여준다. 즉 모든 시스템은 어느 정도는 모듈적이고, 어느 정도는 통합적이다. 따라서 제품 아키텍처의 모듈성은 상대적 개념이므로 이분법적인 모듈성 정의는 보완되어야 한다.

볼드윈[Carliss Y. Baldwin]과 클라크[Kim B. Clark]는 제품의 기능 요소와 물리 요소 사이 관계가 아니라 구조 사이 관계에 근거해 모듈을 정의한다. 이들에 따르면, 모듈은 서로 강하게 연결되어 있지만 다른 단위의 요소들과는 상대적으로 약하게 연결되는 구조적 요소들의 단위이다. 즉 모듈은 모듈 내 상호 의존성이 모듈 간 상호 의존성보다 더 크다. 이렇게 모듈을 정의하면 모듈성은 연결-상호 의존성의 정도에 따라 점진적으로 변한다.

복잡한 시스템을 단순한 연결면을 설정하여 더 작은 단위로 분할해서 다루면 복잡성을 단순화할 수 있다. 모듈 방식은 독립적으로 설계할 수 있지만 전체로서 함께 기능할 수 있는 더 작은 하위 시스템들로부터 복잡한 제품이나 공정을 만드는 것이다. 따라서 모듈 방식은 복잡한 제품과 공정을 효율적으로 조직하는 전략이다. 모듈은 더

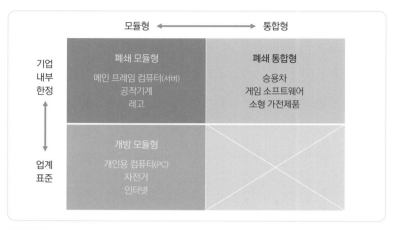

그림 6-4 제품 아키텍처 유형: 부품의 상호 의존도 및 기업 간 관계

큰 시스템 안에서 구조적으로 서로 독립적이지만 함께 작동하는 단위이고, 전체로서 시스템은 구조 독립성과 기능 통합을 동시에 허용하는 틀, 즉 아키텍처를 제공해야 한다.

제품 아키텍처를 부품/설계의 상호 의존도에 따라 모듈형 아키텍처와 통합형 아키텍처로 구분하는 것과 별도로, 기업 간 관계에 따라 개방형 아키텍처와 폐쇄형 아키텍처로 분류할 수 있다(《그림 6-4》). 개방형 아키텍처는 기본적으로 모듈형이며, 연결면이 업계 수준에서 표준화되어 있는 제품의 아키텍처이며, 폐쇄형 아키텍처는 부품 간 연결면의 설계 규칙이 기본적으로 한 회사 내에 폐쇄되어 있는 아키텍처이다.

지금까지 논의한 모듈성은 설계에서 제품 아키텍처의 속성이지만, 모듈성은 적용 시점을 기준으로 세 가지로 구분할 수 있다. 즉 설계 모듈성, 생산 모듈성, 사용 모듈성이다. 설계 모듈성은 위에서 설명한 제품 아키텍처의 속성이다. 생산 모듈성은 다수의 부품을 모듈로 미리 조립하여 최종 조립라인에서 쉽게 장착할 수 있도록 하는 것이고, 사용 모듈성은 사용 편의와 개별성을 만족시키기 위한 관점에서 소비자 중심으로 제품을 분해하는 것이다.

자동차의 제품 아키텍처

제품의 아키텍처는 제품에 따라서는 물론이고 시대와 장소에 따라서도 바뀔 수 있다. 자동차라는 동일 범주의 제품으로 분류되지만, 일체형 차체 아키텍처인 승용차는 통합형 제품인 반면, 분리형 차체 아키텍처인 트럭은 모듈형 제품에 가깝다. 브라운관 TV는 1960년대에는 통합형 제품이었으나 2000년대에는 모듈형 제품이 되었고, 오토바이는 일본에서는 대표적인 통합형 제품이지만, 중국에서는 모듈형 제품으로 모방하여 양산되고 있다.

자동차도 산업 초기에는 개방-모듈형 제품이었으나, 20세기 들어서 폐쇄-통합형 제품으로 바뀌었다. 초기 자동차산업은 마차나 자전거 기술을 응용했고, 당시 자동차는 기존의 마차 부품이나 자전거 부품을 개조한 범용 부품을 주로 사용하는 개방형 아키텍처였다. 그러나 20세기 초 포드가 모델 T로 최적 설계한 전용 부품을 사용한 대량 생산에 성공하면서 부품 설계가 기업별·제품별로 맞춤화되는 방향으로 전환되어 폐쇄형 제품이 되었다. 1980~1990년대에 이르러서는 자동차에 사용되는 범용 부품의 비율이 10퍼센트 미만으로 떨어졌다.

또한 자동차의 발전과 함께 고객의 제품 평가 능력도 진화하면서 제품 성능 향상과 경량화, 공간 효율 개선에 대한 요구가 강해졌고, 모듈식 설계로는 고객의 요구를 만족하기 어렵게 되면서 제품의 통합성이 높아졌다. 아직 분리형 차체 구조인 트럭은 승객실, 차대, 엔진, 차축 등이 구조적, 기능적으로 분리되어 있어 모듈형 제품에 가깝지만, 일체형 차체 구조로 발전한 세단형 승용차는 대표적인 통합형 제품이 되었다.

모듈화를 방해하는 요인

모듈화는 제품을 구성하고 있는 요소 사이 연결면을 규칙화·규격화하는 것이므로 제품의 모듈화 용이성은 요소 사이 연결면의 안정성에 의해 결정된다. 연결면이 외부 요인으로 불안정해지는 제품이라면 연결면의 규칙화·규격화가 어려워지기 때문에 개별 제품별로 최적의 연결면을 결정하는 통합형 제품이 된다.

요소 사이 연결면을 교란하여 모듈화를 방해하는 기술적 요인은 다음 여섯 가지가 있다.

첫째, 결과 성능이다. 결과 성능이란 자동차의 주행 및 제동 등 제품 본래의 목적을 달성하기 위해 필요한 목적 성능이 구현될 때 나타나는 불필요한 성능으로 발열, 진동·소음 등이 대표적이다. 결과 성능은 목적 성능과 달리 부품과 부품의 연결면을 교란하는 에너지가 되기 때문에 모듈화를 방해한다. 둘째, 레이아웃 관련 사항으로 한정된 공간에 조밀하게 요소를 배치해야 할수록 모듈화가 어려워진다. 셋째, 제품 사용 환경으로 제품을 사용하는 환경이 불안정할수록 모듈화가 어려워진다. 넷째, 내환경耐環境 변동성으로, 부품 특성이 사용 환경 변동에 견디거나 안정성을 유지하는 힘이 약할수록 모듈화가 어려워진다. 다섯째, 구성 부품 수가 많을수록 모듈화가 어려워지며, 여섯째, 제품과 부품의 연동성으로 제품 기능과 부품 기능의 관련성 강도가 강할수록 모듈화가 어려워진다.

이러한 모듈화 방해 요인을 기준으로 전기자동차를 내연기관차와 비교하는 것도 전기자동차의 아키텍처가 내연기관차의 아키텍처에서 얼마나 달라질 수 있는지 예측할 수 있는 한 방법이 될 수 있다. 동력원의 변화 차원에서 보면, 내연기관에서 전기모터로의 동력원 변화는 동력계의 모듈화를 수월하게 할 뿐 아니라 자동차 아키텍처의 모듈성도 쉽게 높여준다.

● **동력계의 모듈화**

모터와 배터리로 구성되는 전기자동차의 동력계는 엔진 및 변속기, 연료계와 흡·배기계로 구성되는 내연기관차의 동력계에 비해 모듈화하기 수월하다. 우선 모터의 부품 수는 약 80~100개에 지나지 않아

가솔린엔진의 부품 수에 비해 극적으로 감소한다. 그리고 내연기관은 사용 환경이 바뀌면 연소 상태가 크게 바뀌어 부품 간 연결면도 크게 바뀌지만, 전기모터는 사용 환경이 바뀌어도 출력 변동이 거의 없어 연결면의 안정성이 높다. 따라서 연결 문제가 줄어들고 연결면 표준화가 가능하게 되어 모듈화하기 용이해진다.

게다가 다양한 차급에 동일한 모터를 사용하면서 최대 출력을 다르게 조정할 수 있고, 배터리 팩을 추가하거나 동일 배터리 팩에 장착되는 배터리 모듈 수를 가감해서 다양한 저장용량을 만들 수 있어 동력계의 차종 간 공용화도 쉬워진다. 더 나아가 모터와 배터리 같은 부품들을 자동차산업 차원에서 표준화할 수도 있다.

● **자동차의 모듈화에 미치는 영향**

동력원의 변화는 자동차의 아키텍처에도 영향을 준다. 후지모토 Fujimoto는 동력계와 관련한 중대 기능을 중심으로 다양한 종류의 친환경차 아키텍처를 분석해서, 전기자동차는 전자제품처럼 되지는 않겠지만, 내연기관차에 비해 모듈성이 강화되어 모듈형과 통합형 아키텍처의 중간 정도에 이를 것으로 예측했다. 그러나 후지모토의 분석은 기능 분석, 즉 설계 관점에만 초점을 둔 것으로 조립성, 즉 생산 관점에 초점을 둔 것은 아니다. 조립성, 즉 생산 관점에 초점을 두면 전기자동차의 모듈성은 더 커질 수 있다.

전기자동차는 동력원의 부품 수가 극적으로 줄어들 뿐 아니라 변속기와 연료계, 흡·배기계도 불필요해져 부품 및 부품 간 연결면이 감소하고, 따라서 모듈형 아키텍처 제품으로 발전할 가능성이 높다. 또한 모터는 엔진에 비해 크기가 작아지고, 에너지 변환 효율도 높아져 발열과 진동·소음이 줄어들기 때문에 결과 성능-모듈화 방해 요인의 강도가 낮아져 자동차도 모듈화하기 쉬운 제품으로 바뀐다.

차체 아키텍처의 변화

현재 내연기관차의 차체 아키텍처는 일체형이 지배적이다. 그러나 전기자동차는 다양한 차체 아키텍처를 보여주고 있는데, 내연기관차 플랫폼을 개조해 사용하면서 일체형을 유지하고 있는 사례(GM의 볼트 EV나 현대자동차의 코나 일렉트릭 등)도 있고, 전기자동차에 최적화된 전용 플랫폼을 개발하여 사용하면서 현가 시스템이 차체에 직접 장착되는 일체형이긴 하지만 분리형 차체에 근접한 아키텍처(스케이트보드형)인 사례(테슬라 Model S 및 X, 현대자동차의 아이오닉 5 등)도 있다. 더 나아가 일체형에서 탈피해서 차체와 차대가 완전히 분리되는 분리형 차체 방식을 채택해 기존 지배 디자인에서 벗어난 사례(BMW i3)도 있다.

전기자동차는 엔진과 변속기, 흡·배기계 등이 필요 없고 모터를 바퀴 축에 직접 연결하는 등 전체적으로 공간 활용 측면에서 유리하다. 그러나 고전압 배터리 장착을 위한 공간이 필요하고, 항속거리를 늘리기 위해 고전압 배터리의 용량을 늘리면 이에 따라 고전압 배터리의 크기가 커져서 차 바닥 아래에 고전압 배터리를 장착할 수밖에 없다. 이를 고려하지 않은 기존 내연기관차 플랫폼은 고전압 배터리 용량을 키우거나 항속거리를 늘리는 데 제약이 크다. 이러한 전기자동차의 구조적 특성을 반영하고 성능을 최적화하기 위해서는 전용 플랫폼이 필요한데, 이 전용 플랫폼은 스케이트보드형과 분리형 차체 구조로 수렴하고 있다.[3]

분리형 차체 구조에서는 차대가 다양한 차종에 공통으로 사용될 수 있고, 차체와 실내 설계의 자유도가 확대된다. 그리고 전기자동차의 동력 성능은 내연기관차에 비해 상향평준화되기 때문에 전기자동차는 내연기관차와 달리 동력 성능이 아니라 차체와 실내의 차별성 위주로 상품성이 구성되고 고객맞춤될 가능성이 크다. 나아가 고객의 필요에 따라 동일한 차대에 차체만 교환해서 사용할 수 있는 단계로까지 발전할 수도 있다.

분리형 차체 구조에서는 차대와 차체를 분리해 별도로 개발할 수 있고, 생산도 분리할 수 있다.[4] 나아가 차대 전용 업체와 차체 전용 업체가 등장해 차대 개발·제작업체와 차체 개발·제작업체가 분리될 수도 있다.[5]

---

3 일반적인 용도의 승용차는 스케이트보드형이, 목적 기반 차량Purpose Built Vehicle, PBV 은 분리형 차체 구조가 대세가 될 것이다.

4 7장에서 사례로 살펴볼 BMW i3의 차대는 주 조립 공장(라이프치히)이 아닌 별도 공장(딩골핑)에서 생산된다.

5 강철 차체 도입으로 일체형 차체가 등장하기 전에는 차체 전문 제작사들이 있었다(3장.

자동차 전자화와 소프트웨어 제어

전기신호 제어^{X-By-Wire} 기술[6] 등 전기 및 전자 기술의 확대·적용과 차량 제어 소프트웨어의 발달도 자동차의 모듈성을 높이는 요인이 된다. 지금까지 자동차는 하드웨어 부품을 제품별로 최적화해서 총합 성능을 확보해 왔지만, 자동차가 전자화되고 차량 제어 소프트웨어가 발달하면 하드웨어 부분이 상당히 표준화되더라도 차량 제어 소프트웨어를 통해 차량의 개성과 통합성을 확보할 수 있다. 따라서 엄격한 상호 조정의 필요성에서 자유로워진 기능 부품계의 하드웨어 설계가 표준화되고, 전체적으로 자동차 하드웨어의 모듈성이 높아질 가능성이 크다.

전기자동차의 모터는 내연기관보다 전자적으로 제어하기가 훨씬 더 쉽다. 그리고 전기자동차는 대용량 고전압 배터리가 장착되어 있어 내연기관차보다 전기신호 제어 기술 등 전기 및 전자 기술과 소프트웨어 제어를 구현하기에 적합하다. 따라서 내연기관차의 아키텍처에 비해 전기자동차의 아키텍처가 모듈성을 높이기에 더 좋다. 그리고 미래형 자동차로 떠오르고 있는 소프트웨어 정의 자동차를 구현하기에도 전기자동차가 더 적합하다.

4장 참조).

6 차량 제어 시스템을 기계유압 시스템 대신 전기·전자 부품으로 대체하는 기술이다.

개방형 아키텍처가 될 것인가?

전기자동차가 내연기관차에 비해 아키텍처가 더 모듈화될 것이라는 점에서는 많은 사람의 의견이 일치하지만, 개방형 아키텍처로까지 발전할 것인가에 대해서는 의견이 엇갈린다. 복득규 등은 내연기관차와 달리 친환경차는 모듈화와 표준화가 진전되고 위탁 제조 전문업체가 나타나서 개인용 컴퓨터[PC]와 유사하게 글로벌 네트워크형 산업 모델[7]에 따라 개발·조립될 가능성이 높다고 주장한다. 후지모토도 전기자동차는 기계적인 연결 부분은 대폭 줄고, 범용 부품을 많이 사용할 수 있는 개방·모듈형 제품으로 전환할 가능성이 높다고 본다.

자동차의 아키텍처가 개방·모듈형 아키텍처로 변하면 자동차산업의 가치사슬이 재구성된다. 개방·모듈형 구조에서는 조립 제조업체보다 핵심 부품을 만드는 기업 쪽에서 고수익을 올려 기술 발전의 주도권을 잡는 경향이 있고, 부품 공급 기업이나 디자인 전문 기업 등이 주도권을 쥘 수 있다.

그러나 전기자동차의 아키텍처가 모듈형으로 되더라도 폐쇄형에서 개방형으로 당연하게 변하는 것은 아니다. 전기자동차의 아키텍

---

7 글로벌 네트워크형 산업 모델은 가치사슬의 분할을 확대하고, 분할된 가치사슬을 글로벌 차원에서 최적으로 배치하는 산업 모델이다. 또 핵심 역량을 제외한 가치사슬 대부분을 분할하고, 외주화한다.

처가 개방형으로 전환될 것인가는 전기자동차라는 제품의 특성만이 아니라 산업 및 경쟁 환경, 완성사의 조직과 전략, 역량과도 연관된 문제이다. 전기자동차의 아키텍처가 개방형이 되려면 몇 가지 조건을 갖춰야 하는데, 우선 전기자동차의 아키텍처가 안정되어야 하고, 산업 표준이 있어야 하며, 모듈형 혁신-점진적 혁신이 부차적이어야 하고, 완성사가 부품 특수 지식과 전기자동차를 경쟁 우위의 원천으로 인식하지 않아야 한다.

종합적으로 판단하면 전기자동차의 아키텍처는 개방형 아키텍처로 전환되지는 않을 것으로 보인다. 일부 업체들의 전기자동차 위탁 생산 사례도 글로벌 네트워크형 산업 모델로 전환해서가 아니라 생산량이 적어서 전용 생산시스템을 구축하거나 기존 생산시스템을 변형하기보다 외주화하는 것이 경제적으로 합리적이기 때문이다. 내연기관차의 경우도 수요 변동을 흡수하기 위해 외주 생산하기도 한다. 자동차산업에서 완성차를 위탁 생산하는 것은 그리 새로운 현상이 아니다.[8]

---

8 자동차산업에는 캐나다의 마그나, 네덜란드의 네드카Nedcar 그룹, 핀란드의 발멧Valmet 그룹처럼 뛰어난 위탁 제조기업들이 있다. 마그나 인터내셔널의 9개 자회사 가운데 하나인 마그나 슈타이어는 완성차 생산 및 관련 기술·부품 판매 전문회사로 1970년대부터 벤츠, 폭스바겐, 아우디, 크라이슬러 등의 차량들을 수탁 생산해 왔다. 포르셰는 유일한 자사 공장인 추펜하우젠 공장에서 전체 예상 수요의 80퍼센트 정도를 생산하며, 이를 초과하는 수요는 발메에서 외주 생산한다. BMW도 네덜란드의 네드카에 미니 모델을 위탁 생산하고 있다.

지배 디자인 측면에서 내연기관차와 전기자동차 비교

이와 같이 전기자동차는 동력원만이 아니라 차체 주재료와 제품 아키텍처 측면에서도 내연기관차 중심의 기존 지배 디자인에서 벗어나고 있다. 자동차 지배 디자인 측면에서 내연기관차와 전기자동차를 비교, 요약하면 〈표 6-2〉와 같다.

표 6-2 지배 디자인 측면에서 내연기관차와 전기자동차 비교

지배 디자인		내연기관차	전기자동차				
			i3	모델 S	아이오닉 5	볼트 EV 코나 EV	종합
동력원	종류	내연 엔진	전기 구동 모터				
	수	1개	준수	1~2개		준수	다양 (1개, 2개, 4개 등)
	위치	전방 엔진룸	구동 바퀴 사이			준수	다양 (전방, 후방, 바퀴 인접 등)
	부대 장치	변속기, 흡·배기계, 연료계	고전압 배터리				
차체 주재료		강철	CFRP	알루미늄		강철	다양 (강철, 비철 금속, 비금속)
제품 아키텍처		통합형	모듈성 증가				
차체		일체형	분리형	일체형			다양(일체형~분리형)

138

07
전기자동차와 생산시스템

전기자동차에 대한 사회적 관심이 커지고 보급이 확대되면서 전기자동차의 확산이 자동차산업과 사회에 미칠 영향에 대한 관심도 커지고 있다. 특히 고용과 노동과정에 큰 영향을 미치는 생산시스템의 변화는 주요한 사회적 관심사의 하나이다. 역사적으로 자동차산업의 생산시스템은 사회적 표준으로 기능해 왔고, 자동차산업 생산시스템의 변화는 자동차산업에 영향을 주는 데 그치지 않고 사회에도 큰 영향을 미쳐 왔기 때문에 더욱 그러하다.

역사적으로 자동차산업에서 급진적 제품 혁신은 생산시스템의 변화를 촉발했고, 생산시스템의 변화는 고용과 노동과정에 큰 영향을 미쳤다(3장, 4장 참조). 기존 지배 디자인에서 이탈하고 있는 급진적 제품 혁신인 전기자동차의 확산은 자동차 생산시스템에 어떤 변화를 일으킬 것인가? 이에 대해 BMW i3(2013년 출시~2022년 단종)을 대표 사례로 하여 전기자동차가 자동차 생산시스템에 미치는 영향을 살펴보기로 한다.

왜 BMW i3을 대표 사례로 선정했는가? 우선 친환경성을 극대화하기 위해 제품과 생산시스템을 근본적으로 혁신했기 때문이다. BMW i3은 대량 생산된 전기자동차 중에서 기후 위기 대응과 친환경이라는 대의명분에 가장 충실한 전기자동차였고, 생산시스템 또한 그렇게 구축되었다. 다음으로 BMW i3은 내연기관차 위주의 기존 자동차 지배 디자인에서 가장 많이 이탈한 차, 하드웨어 측면에서 가장 혁신적인 차였고, i3을 생산하기 위한 생산시스템 또한 기존 내연기관차 생산시스템에서 가장 많이 변화한, 가장 혁신적인 시스템이었다.

그리고 BMW는 오랫동안 자동차산업을 영위해 온 업체이고, 노조가 있는 기업이며, 동일 공장에 내연기관차 생산설비와 전기자동차 생산설비를 각각 갖추고 내연기관차와 전기자동차 i3을 생산했다. 따라서 노사관계 등 다른 요인들이 통제된 상태에서 내연기관차에서 전기자동차로 제품이 변했을 때 생산시스템의 변화를 살펴보기에 가장 적합한 사례이다. 다시 말해, BMW i3은 전기자동차와 전기자동차 생산시스템이 내연기관차와 내연기관차 생산시스템에서 얼마나 달라질 수 있는지 가장 잘 보여줄 수 있는 사례이다.

BMW i3 – 친환경성을 극대화한 제품 혁신

BMW i3은 BMW가 친환경성 위주로 개발하고 생산했던 전기자동차로, BMW는 전기자동차에 대한 총체적 접근을 통해 새로운 자동차 개념과 신소재, 미래 생산 개념을 적용해 i3을 개발했다. i3에 적용된 주요 제품 혁신은 신개념 자동차 아키텍처와 비금속 경량 재료인 탄소섬유강화플라스틱Carbon Fiber Reinforced Plastics, CFRP 차체, 플라스틱 외판재와 재생 및 친환경 소재 사용이다. MIT 공과대학 트랜칙 연구소 Trancik lab에 따르면 "지구상에서 제품 수명주기 동안 탄소 배출이 가장 적은 친환경차"였다.

● 제품 혁신 1 – 신개념 아키텍처: 라이프–드라이브 아키텍처

다음 〈그림 7-1〉에서 보듯이, 신개념 아키텍처인 라이프–드라이브 아키텍처Life-Drive Architecture는 라이프 모듈과 드라이브 모듈로 구성된다. 이 아키텍처는 대부분의 내연기관차가 채택하고 있는 일체형 차체 방식이 아니라 차대에 차체를 얹는 분리형 차체 방식이다.

라이프 모듈은 승객 탑승 공간으로 34개의 탄소섬유강화플라스틱 부품으로 구성되며, 충돌 성능이나 강성 확보를 위해 중요한 부위에는 구조 보강재가 추가되어 있다. 또한 재활용 재료와 친환경 소재를 대폭 사용했고, 플라스틱 외판재를 적용했다.

드라이브 모듈(〈그림 7-2〉)은 모터와 배터리, 현가장치 등이 장착되는 구동 플랫폼으로 알루미늄 차대와 현가장치, 구동계로 구성되며, 라이프 모듈과는 볼트와 접착제로 결합된다. 고전압 배터리는 차대 중앙에 장착하여 차의 무게 중심을 낮췄고 구동 모터와 인버터가 통합된 구동 장치는 차대 뒷부분(뒷바퀴 사이)에 배치했다.

전기자동차 전용 아키텍처인 라이프–드라이브 아키텍처는 설계 유

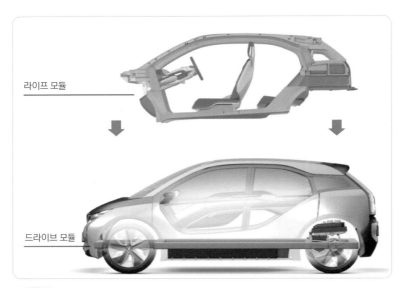

라이프 모듈

드라이브 모듈

그림 7-1 신개념 아키텍처: 라이프-드라이브 아키텍처

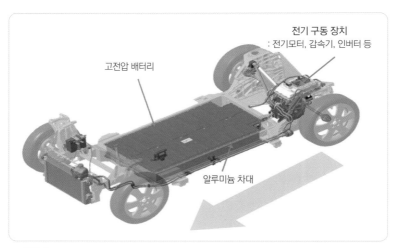

전기 구동 장치
: 전기모터, 감속기, 인버터 등

고전압 배터리

알루미늄 차대

그림 7-2 i3의 드라이브 모듈과 동력계 배치

연성이 커서 파생차 개발이 수월하고 경량 설계를 통한 중량 절감이 가능하며, 이상적인 중량 배분을 달성할 수 있고, 대용량 배터리 장착을 위한 구조를 확보할 수 있다.

● 제품 혁신 2−탄소섬유강화플라스틱 차체와 경량화

i3은 라이프−드라이브 개념과 경량 소재를 활용해 혁신적인 경량화를 달성했다. i3은 탄소섬유강화플라스틱을 차체 주재료로 사용한 최초의 대량 생산 차이며, 이는 차체 기술의 큰 혁신이다. i3은 경쟁 모델 대비 최저 수준의 공차 중량을 달성했으며, 혁신적인 경량화로 연비를 높이고 고가의 고전압 배터리 용량을 최소화하여 원가를 절감했다.[1]

i3에는 탄소섬유강화플라스틱 137킬로그램과 알루미늄 192킬로그램, 플라스틱 49킬로그램, 마그네슘 10킬로그램 등 총 388킬로그램의 경량 소재가 적용되었는데, 이는 공차 중량의 30퍼센트가 넘는 수준이다. 내연기관차의 최고급차 경우에도 경량 소재 적용이 10퍼센트 수준에 불과하다[2]는 점을 고려하면 i3의 경량 소재 적용 수준은

---

1 BMW i3 공차 중량 1,195킬로그램, 연비 124MPGe, 혼다 피트 공차 중량 1,475킬로그램, 연비 119MPGe, 닛산 리프 공차 중량 1,493킬로그램, 연비 114MPGe 등이다. MPGe는 Miles Per Gallon Equivalent의 약자로 휘발유 1갤런 가격만큼의 전기를 충전했을 때 주행할 수 있는 마일을 의미한다. i3의 연비는 124MPGe이므로 휘발유 1갤런 가격만큼의 전기를 충전한다면 124마일을 주행할 수 있고, 이를 환산하면 1리터당 52.4킬로미터에 해당한다.

2 대형 고급차인 벤츠 S500L에는 공차 중량 2,170킬로그램 11.2퍼센트에 해당하는 242

획기적이었다. 이 388킬로그램의 경량 소재를 강철 소재로 환산하면 약 609킬로그램에 해당하는 것으로 약 220킬로그램 수준의 경량화 효과를 얻었다.

일반적으로 강철 차체 전기자동차는 기반이 된 가솔린 모델에 비해 중량이 250~400킬로그램 정도 늘어나 연비와 항속거리, 그리고 주행 성능에 악영향을 미친다.[3] 그러나 i3의 중량은 1,270킬로그램으로 같은 회사의 동급 내연기관차인 BMW 118i(8단 자동변속기 사양 중량 1,390킬로그램)보다 약 120킬로그램 가볍고, BMW 118d(중량 1,425킬로그램)보다 약 155킬로그램 가벼웠다.

● 제품 혁신 3-플라스틱 외판재와 재생 및 친환경 소재 사용

〈그림 7-3〉에서처럼, i3의 후드와 테일 게이트, 도어 외판, 프런트/리어 펜더, 루프 사이드 레이어에는 플라스틱 외판재가 적용되어 있다. 그 결과 도장이 필요한 차체 판재[4] 중량이 40킬로그램 미만으로 차량 경량화에 기여했으며, 도장된 차체 판재를 생산하는 데 드는 에너지를 내연기관차에 비해 50퍼센트 절감해 지속 가능한 생산에 기여했

킬로그램의 경량 소재가, BMW의 최고급 라인인 7시리즈에는 공차 중량 1,960킬로그램의 9.5퍼센트 수준인 187킬로그램의 경량 소재가 적용되어 있다.

3 VW 업 824킬로그램 → e-업 1139킬로그램(285킬로그램 증가), 골프 1215~1130킬로그램 → e-골프 1510킬로그램(295~380킬로그램 증가), 포드 포커스 1380킬로그램 → 포커스 EV 1642킬로그램(262킬로그램 증가)

4 i3의 도장 면적은 12~13제곱미터로 약 100제곱미터 정도인 동급 내연기관차 도장 면적의 8분의 1 수준에 불과하다.

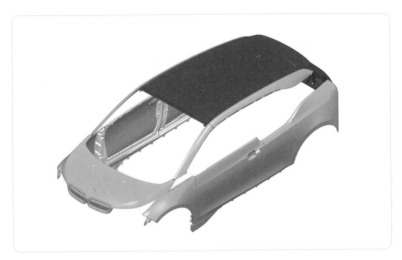

그림 7-3 BMW i3 플라스틱 외판재 적용 부위

다. 또한 플라스틱 외판재는 내부식성耐腐蝕性[5]과 작은 손상에 대한 안
정성도 우수하다.

　BMW는 i3에 사용되는 탄소섬유의 10퍼센트 이상을 재활용 재료
에서 얻었으며, 필라 트림에 재활용 PET를 사용하고, 유칼립스(암레
스트, 대시 보드), 케나프(도어 트림, 내부 트림, 패널 부품), 올리브 잎 염료
(시트) 등 친환경 소재를 대폭 적용했다.

● **동급 내연기관차와 비교**

BMW i3을 i3과 같은 라이프치히 공장에서 생산되는 동급 내연기관

5　녹이 지정된 한계를 넘지 않도록 보호하거나 처리하는 능력

차인 BMW 118i와 비교하여 정리하면 〈표 7-1〉과 같다.

먼저 동력계를 비교해 보면, 동력원 수는 하나로 동일하지만, 장착 위치는 다르다. 내연기관차인 BMW 118i는 전방 엔진룸에 엔진이 장

표 7-1 BMW 전기자동차 i3와 내연기관 자동차 118i 비교

비교 항목	BMW i3(60Ah 2014년)	BMW 118i(2011년)
전장/전폭/전고(mm)	3,999/1,775/1,578	4,324/1,765/1,421
오버항(전/후)(mm)	707/722	765/869
휠베이스(mm)	2,570	2,690
동력원	전기모터 125kW(170HP)	가솔린 터보 차저 1.6L 168HP(125kW)
변속기	없음	6단 수동/8단 자동
구동축	후륜	후륜
고전압 배터리/연료통	22kWh	52L
항속거리(km)	150	800 이상
공차 중량(kg)	1,270	6단 수동:1,370 8단 자동:1,390
차체 골격 중량(kg)	213.6	283.4
가속 성능(0~100km/h, 초)	7.2	7.4
최고 속도(km/h)	150	225
이산화탄소 배출(g/km)	0.0(*REx: 13)	134.0

* REx: 항속거리 연장기가 있는 모델로 모터 사이클용 엔진(647cc 2기통 35HP)을 장착하여 발전용으로 사용, 항속거리를 증대(130~140km), 13g/km CO_2 발생(BMW UK, 2013). 2기통 엔진+알터네이터+연료탱크 9ℓ+흡·배기시스템 추가(+127kg)

* BMW(2013a), BMW UK(2013), carfolio.com(www.carfolio.com), carsguide(www.carsguide.com.au), 성시영(2015) 등 참고하여 정리

착되지만, 전기자동차인 BMW i3은 드라이브 모듈 뒷부분에 전기모터가 장착된다.[6] 둘 다 후륜구동 방식이다. 엔진이 전방에 위치한 내연기관차인 118i는 뒷바퀴로 동력을 전달하기 위한 동력 전달축[7]이 필요하지만, 전기자동차인 i3은 동력 모터가 뒷바퀴 사이에 위치해 별도의 동력 전달축이 필요하지 않다. 내연기관차인 118i는 6단 수동변속기나 8단 자동변속기가 장착되지만, 전기자동차인 i3은 변속기가 없다. 내연기관차인 118i는 흡·배기계와 연료통이 필요하지만, 전기자동차인 i3은 흡·배기계와 연료통이 필요 없고 대신 고전압 배터리가 장착된다.

고전압 배터리 중량이 234킬로그램이나 되는데도 파격적인 경량 소재 사용으로 전기자동차 i3의 공차 중량은 내연기관차 118i의 공차 중량보다 100~120킬로그램 가볍다. 가장 큰 이유는 i3은 차체 주재료로 비금속 경량 소재인 탄소섬유강화플라스틱을, 드라이브 모듈 주재료로 비철 금속 경량 소재인 알루미늄을 사용한 반면, 118i는 차체 주재료로 강철을 사용했기 때문이다. 도어나 펜더 등을 제외한 차량 골격의 무게를 비교해 보면, i3이 213.6킬로그램(라이프 모듈: 139.9킬로그램, 드라이브 모듈 차대: 73.7킬로그램)으로 283.4킬로그램인 118i에 비해 70킬로그램가량 가볍다.

---

6 항속거리 증대를 위해 선택 사양으로 제공되는 발전용 엔진도 엔진룸이 아니라 드라이브 모듈 뒷부분 전기모터 옆에 장착된다.

7 프로펠러 샤프트propeller shaft라고 하며, 변속기에서 구동 차축까지 동력을 전달하는 축이다.

동력원의 출력은 125킬로와트로 동일하지만, 가속 성능(0~100km/h)은 전기자동차 i3이 내연기관차 118i에 비해 약간 우세한 반면, 최고 속도는 내연기관차 118i가 전기자동차 i3보다 대폭 우세하다. 주행 중 이산화탄소 배출량을 비교해 보면, 전기자동차 i3 기본 모델은 이산화탄소 배출이 전혀 없으며, 내연기관인 항속거리 연장기가 작동할 때에도 이산화탄소 배출이 킬로미터당 13그램에 불과하지만, 내연기관차 118i의 이산화탄소 배출은 킬로미터당 134.0그램이나 된다.

내연기관차인 118i의 차체 아키텍처는 일체형 차체 방식이고, 전기자동차인 i3의 아키텍처는 이미 살펴본 것처럼 분리형 차체 방식이다.

전기자동차인 i3이 내연기관차인 118i에 비해 가장 열세인 항목은 1회 충전/주유만으로 계속 운행할 수 있는 최대 거리, 즉 항속거리이다. 전기자동차 i3 기본 모델의 항속거리는 150킬로미터에 불과하고, 항속거리 연장기 장착 사양이라도 항속거리가 300킬로미터에 못 미치지만, 내연기관차 118i의 항속거리는 800킬로미터가 넘는다.[8]

전기자동차의 충전 시간이 내연기관차의 주유 시간에 비해 상당히 길고, 전기자동차의 충전 인프라가 내연기관차 주유 인프라에 비해 대단히 미비하다는 점으로 인해 항속거리 열세는 소비자들이 전기자동차를 선택하는 데 장애 요인이 되고 있다. 그런데 왜 BMW는

---

8 유럽 기준 공인 복합 연비 5.9L/100km=16.9km/L와 연료통 용량 52리터로 단순 계산하면 878.8킬로미터이다.

i3의 항속거리를 이렇게 짧게 개발했을까? 친환경성에 충실하기 위해 서이다.

BMW는 2008년 독일에서 전기자동차인 미니 E 500대로 대규 모 시험을 했는데, 하루 평균 주행거리가 40킬로미터 정도였고, 일 상적인 운전의 90퍼센트 이상이 주행거리가 100킬로미터 미만이었 다. 하루 120킬로미터 이상 운전하는 경우는 거의 없었다. 미국에서 도 2009년 6월부터 2010년 6월까지 1년 동안 미니 E를 이용해 450명 의 운전자 대상으로 실험을 했는데, 운전자의 70퍼센트 이상이 하루 주행거리 40마일(약 64킬로미터) 미만으로 미국 운전자의 평균 수준이 었으며, 95퍼센트가 하루 주행거리가 80마일(약 129킬로미터) 미만이었 다. 2011년 150명 이상이 참가한 영국 실험에서는 운전자 138명의 하 루 주행거리는 29.7마일(약 48킬로미터, 영국 운전자 평균은 25마일 미만)이 었다.

이러한 시험 결과에 근거해 BMW는 전기자동차의 항속거리가 120킬로미터이면 충분하다 판단했고, 이를 높은 배터리 비용과 운전 자들에게 꼭 필요한 항속거리 사이의 적절한 타협으로 여겼다. 항속 거리가 짧아 i3은 장거리 여행용보다는 도심용 차로 적합했고, 이로 인해 판매 확대가 제한되었다. 그러나 고전압 배터리 용량을 제한한 덕분에 결과적으로 친환경성은 더 높아졌다. 전기자동차 생애주기 중 리튬이온배터리 생산이 환경에 가장 큰 부담을 주기 때문이다(9장 참조). 역사적으로 전기자동차는 도심에 적합한 차였다. 고전압 배터 리 용량을 키워 항속거리를 늘리는 것보다는 적절한 배터리 용량으로 적절한 항속거리를 확보하고 충전 인프라를 충실히 갖추는 것이 환경오염을 줄여 기후 위기에 대응하는 데 더 적합하다.

● 지배 디자인 측면 분석

이제 대표 사례인 BMW i3을 지배 디자인 측면에서 분석해 보자. 먼저 지배 디자인의 동력계 차원을 살펴보면, 동력원의 수는 한 개로 유지하되 동력원의 종류가 내연기관 엔진에서 전기모터로 바뀌었다. 동력원의 위치도 전방 엔진룸에서 드라이브 모듈 뒷부분으로 바뀌었다. 동력 전달 측면에서 보면, 내연기관차의 엔진은 변속기와 직접 연결되며, 전륜구동의 경우 앞바퀴 구동축에, 후륜구동의 경우 동력 전달축을 거쳐 뒷바퀴 구동축에 동력을 전달한다. 그러나 BMW i3의 전기모터는 변속기와 연결되지 않으며, 후륜구동이지만 동력 전달축이 없이 뒷바퀴 구동축에 동력을 직접 전달한다. 그리고 BMW i3의 기본 모델은 흡·배기계와 연료계가 없는 대신 고전압 배터리 시스템이 장착된다. 차체 주재료가 강철에서 비금속 경량 재료인 탄소섬유강화플라스틱으로 바뀌었을 뿐 아니라, 차체 아키텍처도 일체형 차체에서 분리형 차체로 바뀌었다.

따라서 BMW i3은 '기존 지배 디자인에서 벗어난 급진적 혁신'이다. 지배 디자인 측면에서 전기자동차인 i3의 특징을 요약하면, 동력원의 수는 한 개로 유지하지만 동력원의 종류, 위치, 변속기 및 흡·배기계 유무, 연료계, 차체 주재료, 차체 아키텍처 등 동력원 수를 제외한 모든 측면에서 내연기관차 중심 지배 디자인에서 벗어났다(《표

표 7-2 BMW i3: 지배 디자인 측면 분석

지배 디자인		내연기관차	BMW i3
동력원	종류	내연기관 엔진	구동 모터
	수	1개	1개
	위치	전방 엔진룸	드라이브 모듈 뒷부분
	부대장치	변속기, 흡·배기계, 연료계	고전압 배터리
차체 주재료		강철	탄소섬유강화플라스틱(비금속)
차체 아키텍처		일체형 차체	분리형 차체

7-2》). 다음에는 지배 디자인에서 벗어난 급진적 제품 혁신이 생산시스템에 어떤 영향을 주는지 분석해 보자.

BMW i3 생산시스템

● 기업 수준의 생산시스템

BMW i3의 생산시스템은 기존 자동차 생산시스템과 대단히 달라 전체 생산과정을 살펴볼 필요가 있다(《그림 7-4》 참조). BMW는 안정적인 탄소섬유강화플라스틱 조달과 제조 원가 절감을 위해 탄소섬유강화플라스틱 선도업체인 SGL과 합작사 SGL-ACF를 설립했다. BMW i3의 생산은 SGL-ACF에서 운영하는 모세 레이크 공장(미국)

에서 아크릴 소재를 섬유 형태로 가공해 탄소섬유를 만드는 것에서 부터 시작된다.

탄소섬유 생산은 고온 가열 및 열처리 공정이 대부분이라 대규모 전력이 소모되는데, 모세 레이크 공장은 전력비용이 저렴한 워싱턴주에 소재하고 있으며, 100퍼센트 수력발전 에너지로 탄소섬유를 생산한다. 이렇게 만들어진 탄소섬유는 SGL-ACF의 바커스도르프 공장(독일)로 보내지고, 바커스도르프 공장에서는 이 탄소섬유를 판재 형태로 가공해 탄소섬유강화플라스틱 판재를 만든다.

BMW의 란트슈트 공장과 라이프치히 공장에서는 이 탄소섬유강화플라스틱 판재로 약 150개 종류의 탄소섬유강화플라스틱 파트들을 만든다. BMW는 RTM[9] 성형 기술을 도입하고, 기존 수작업 공정을 100퍼센트 자동화하여 탄소섬유강화플라스틱 파트 성형 시간을 240분에서 5분으로 98퍼센트 단축하고, 성형 비용을 80퍼센트 절감했다. 이렇게 만들어진 탄소섬유강화플라스틱 파트들은 BMW 라이프치히 공장에 공급되어 i3의 탄소섬유강화플라스틱 차체 제작에 사용된다. 탄소섬유강화플라스틱 차체는 기존 도장 공정이 필요 없어 에너지 사용량이 50퍼센트 절감되고, 공업용수 사용이 70퍼센트 절감되는 등 도장 공정 관련 비용이 절감된다.

이처럼 i3은 차체 주재료로 강철 대신 비금속 경량 소재인 탄소섬

---

9 Resin Transfer Molding의 약자로, 탄소섬유 및 반제품을 형틀에 고정한 후 수지를 주입하는 성형 기술이다.

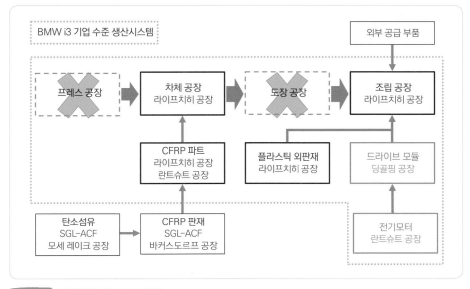

그림 7-4 BMW i3 생산시스템 개괄

유강화플라스틱을 사용하기 때문에 강철 판재를 성형하기 위한 프레스 공장과 강철 차체에 색깔과 보호막을 입히기 위한 도장 공장이 필요없다. 차체 주재료의 변경-지배 디자인으로부터의 이탈로 생산시스템의 구조가 변한 것이다.

i3의 구동용 전기모터는 란트슈트 공장에서 만든다. 내연기관차용 경금속 주조 엔진 등을 만드는 란트슈트 공장에서 전기자동차용 구동 모터를 만드는 것이다. 배터리 팩을 포함해 드라이브 모듈은 알루미늄 가공 전문성이 있는 딩골핑 공장에서 만들고, 구동 모터도 이곳에서 드라이브 모듈에 장착된다. 이렇게 드라이브 모듈을 차체(라이프 모듈)와 별도로 생산할 수 있는 것은 차체 아키텍처가 기존 지배 디자인의 한 요소인 일체형 차체에서 벗어나 분리형 차체 구조로 변

경되었기 때문이다. 제품 아키텍처의 변화-지배 디자인으로부터의 이탈이 생산시스템의 구조 변화를 가져온 것이다.

라이프치히 공장 차량 조립라인에서는 라이프치히 공장에서 만든 탄소섬유강화플라스틱 차체와 플라스틱 외판재, 딩골핑 공장에서 만든 드라이브 모듈, 외부 공급 부품들로 i3의 조립을 완성하게 된다. 전기자동차인 i3의 차량 조립라인은 내연기관차의 차량 조립라인에 비해 상당히 단순해진다. 이에 관해서는 다음에서 더 상세히 다룬다.

● 라이프치히 공장

BMW i3가 생산되었던 라이프치히 공장(《그림 7-5》)은 2005년 3월 1일에 생산을 시작한 BMW의 최신 공장이다. 라이프치히 공장은 본래 내연기관차만을 생산했으나, 4억 유로를 투자해 2013년에 친환경차 전용 시설들(《그림 7-5》의 짙은 색 부분)을 추가했고, 2013년 12월부터 친환경차인 i 시리즈 생산을 시작했다. 2018년에는 내연기관차인 BMW 1 시리즈와 BMW 2 시리즈를 매일 860대까지 생산했고, 친환경차인 BMW i3(2013년 12월~)과 BMW i8(플러그인 하이브리드 스포츠카. 2014년 5월~)은 매일 120대 이상 생산했다. BMW i 시리즈 생산은 공정 혁신으로 공업용수 사용을 70퍼센트 줄였고, 에너지 소비 또한 50퍼센트 절감했다. 그리고 i 시리즈는 자체 풍력발전에서 얻은 에너지만으로 생산되었다. BMW는 제품만이 아니라 생산시스템도 탄소배출이 최소화하도록 해서 '친환경성 극대화'에 대한 진정성을 보여주었던 것이다.

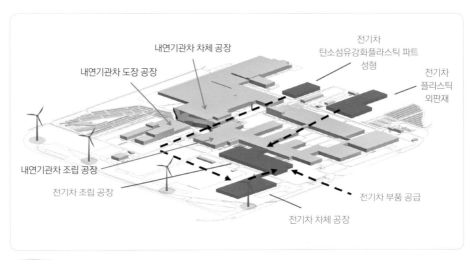

그림 7-5 BMW 라이프치히 공장

　　이제 전기자동차인 i3 생산을 차체 생산과 차량 조립으로 나누어 내연기관차와 비교해 보자.

차체 생산

● 내연기관차의 강철 차체 생산

내연기관차의 강철 차체는 프레스 공장, 차체 공장, 도장 공장을 거치면서 제작된다.

1) 프레스 공장

내연기관차의 차체 생산은 차체 주재료인 강철을 성형해 차체 파트를 만드는 프레스 공장에서 시작된다. 우선 코일 형태로 납품된 강판을 펴서 균일한 강판으로 만들고 생산할 차체 파트의 형상에 맞춰 적당한 크기로 절단한다. 다음 단계로 프레스 기계에 장착된 금형에 절단된 강판을 넣고 프레스하여 차체 부품을 만든다. 프레스 공장은 다른 공장과 달리 동기화 생산이 아니라 로트 생산이 이루어지며, 보통 며칠분을 한꺼번에 생산한다. 일반적으로 대형 차체 파트와 외관 차체 파트는 완성차 업체에서 직접 생산하고 소형 차체 파트는 외부 업체로부터 공급받는다.

2) 차체 공장

차체 공장에서는 차체 파트들을 조립해 차체를 만들며, 강철 차체의 조립에는 주로 점용접이 사용된다. 일반적으로 부분 조립품 라인에서 조립된 부분 조립품들을 메인 라인에서 순차적으로 조립하여 차체를 완성하는데, 조립 순서는 회사나 차종마다 약간 차이가 있으나 기본 흐름은 거의 같다.

〈그림 7-6〉은 i3과 같은 라이프치히 공장에서 생산되는 동급 내연기관차인 BMW 1 시리즈의 차체 조립 흐름을 간략히 나타낸 것이다. 먼저 차체 앞부분front end과 뒷부분rear end을 플로어 패널floor panel에 결합하여 하부 차체under body를 만들고, 여기에 측면 구조물side structure들을 차례로 붙여 상부 차체upper body를 만든다. 이렇게 해서 차

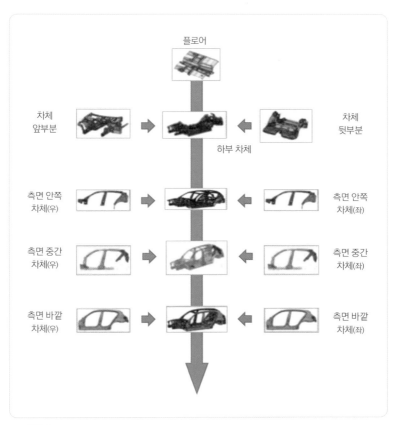

플로어

차체
앞부분

하부 차체

차체
뒷부분

측면 안쪽
차체(우)

측면 안쪽
차체(좌)

측면 중간
차체(우)

측면 중간
차체(좌)

측면 바깥
차체(우)

측면 바깥
차체(좌)

그림 7-6 BMW 1 시리즈 차체 제작 흐름

체 골격^{BIW structure}이 완성되면 차체 조립 마지막 단계에서 도어와 후
드, 펜더와 트렁크 등 행-온^{hang-on} 파트들을 장착한 후 도장 공장으
로 이송한다.

BMW 1 시리즈의 화이트 바디^{BIW}는 총 404개의 파트로 이루어져
있으며, 점용접 5,550점을 포함해 총 6,848점에 이르는 등가 점용접

Weldspot Equivalents, WSE으로 결합한다.[10] BMW 1 시리즈를 생산하는 차체 공장의 기계화 정도[11]는 99퍼센트로 사실상 완전히 자동화된 공장이라 할 수 있으며, 차체 생산 소요 시간은 635분이고, 사이클 타임은 68초이다.

3) 도장 공장

프레스 공장과 차체 공장을 거치면서 완성된 차체는 아직 도장이 되어 있지 않으므로 화이트 바디 또는 BIW^{Body In White}라 한다. BIW가 도장 공장에 도착하면, 도장은 BIW에서 먼지나 기름기 등을 제거하는 전처리(세정 공정), 방청 효과를 높이기 위해 전착 도료를 입히는 하도 공정, 건조 열처리, BIW 틈새에 실러를 뿌려 물이 새는 것을 방치하는 실링 공정, 내피칭성^{耐pitching性[12]}을 높이고 색이 잘 바래지 않도록 회색 도료를 입히는 중도 공정, 다시 건조 공정, 실제 자동차 색을 입히는 상도 공정, 예열 공정, 차체에 광택과 강인성을 주는 보호막인 클리어 코트를 입히는 마무리 공정, 건조 공정 순으로 진행된다.

---

10 점용접^{spot welding} 5,550점 외에 아크 용접^{arc welding} 0.86미터(등가 점용접 WSE: 43점), 레이저 용접 3.2미터(등가 점용접 WSE: 213점), 접착제^{adhesive joining} 49.5미터(등가 점용접 WSE: 990 점), Clinch-spots 8(등가 점용접 WSE: 8점), Screws 44(등가 점용접 WSE: 44점)

11 기계화 정도^{degree of mechanization}는 자동화된 노동 내용^{Automated Work Content}/총 노동 내용^{Total Work Content}으로 표시할 수 있다. 여기에서 노동 내용^{Work Content}이란 차체 공장에서 표준 노동 내용의 합^{sum of Standardized Work Contents in the Body Shop}을 뜻한다.

12 피칭^{pitching}이란 날아온 돌 등에 의해 도장 막이 바닥이 파일 정도로 상처를 입는 것을 말하며, 내피칭성이란 이를 견뎌내는 정도를 가리킨다.

대부분의 완성차 공장에서 도장 공장은 높은 수준으로 자동화되어 있으며, 도장이 끝난 차체는 차량 조립라인으로 이송된다.

● BMW i3의 탄소섬유강화플라스틱 차체 생산

BMW i3의 차체 생산은 차체 주재료인 탄소섬유강화플라스틱 판재를 성형해 프리폼preform을 만드는 것에서 시작된다. 다음으로 프리폼들을 조립하고, 탄소섬유 및 반제품을 형틀에 고정한 후 수지를 주입하는 성형 기술인 RTMResin Transfer Molding 기술로 RTM 파트를 만든다(《그림 7-7》). 다양한 물성의 다수 프리폼들을 한 번의 RTM 성형으로 복잡한 형상의 RTM 파트로 만드는 것이다(《그림 7-8》). BMW는 이 RTM 공정으로 성형시간을 240분에서 5분으로 98퍼센트 단축해 양산성을 대폭 개선했다. 그리고 기존 수작업 공정을 100퍼센트 자동화 설비 공정으로 전환했다. 이렇게 탄소섬유강화플라스틱 성형 기술 개선과 공정 자동화를 통해 성형 비용을 80퍼센트 절감했다.

RTM 파트들을 조립해 라이프 모듈을 만드는데, 라이프 모듈은 48개의 프리폼으로 구성된 RTM 파트 13개와 구조형 코어를 포함하는 다층 RTM 파트 2개, 압축 성형 파트 19개 등 모두 34개의 탄소섬유강화플라스틱 파트들로 구성된다(《그림 7-9》). i3의 BIW를 구성하는 전체 파트 수는 152개에 불과해 동급 내연기관차인 BMW 1 시리즈의 BIW 파트 수 404개의 3분의 1 수준에 불과하다. 강철 기반 내연기관차에 비해 대단히 단순한 구성이다.

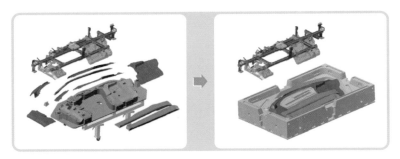

그림 7-7 RTM 조립의 예

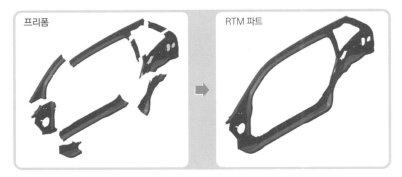

그림 7-8 RTM 공정으로 만든 RTM 부품의 예

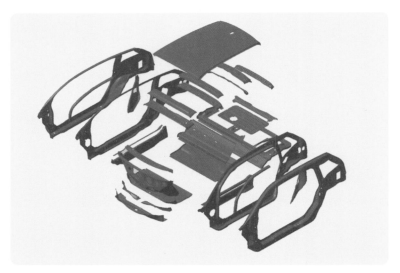

그림 7-9 라이프 모듈을 구성하는 탄소섬유강화플라스틱 파트들

점용접이 주로 사용되는 내연기관차의 강철 차체와 달리, i3의 탄소섬유강화플라스틱 차체는 차체 접합을 위해 접착제가 주로 사용된다. i3 차체에 사용되는 점용접은 52점에 불과하고 아크 용접과 레이저 용접을 포함해도 등가 점용접이 767점에 불과하다.[13] 대신 접착제가 172.9미터 사용된다.

i3의 차체 공장 사이클 타임은 10분 미만으로 내연기관차의 통상적인 차체 공장 사이클 타임[14]에 비해 대단히 길다. 그러나 i3 차체 공장의 생산 소요 시간은 내연기관차인 BMW 1 시리즈[15]에 비해 50퍼센트에 불과한데, 이는 부품 수가 훨씬 적고 병렬 작업이 이루어지기 때문이다. 차체 공장은 100퍼센트 표준화된 로봇으로 구성된 100퍼센트 자동화 공정이며, 기존 차체 공장에 비해 소음을 50퍼센트 줄였다. i3 라이프 모듈은 강철 차체에 비해 가벼워서 다루기가 더 간편하고, i3 라이프 모듈 차체 공장은 강철 차체 공장보다 덜 복잡하다.

i3 차체의 외장은 강철이 아니라 플라스틱 판재가 사용되며, 라이프치히 공장 내에서 자체 생산되어, 도장 후 차량 조립라인에 공급된다. 차체 외장이 차체 공장이 아니라 차량 조립라인에서 장착되는 것이다. 옆문과 후드, 해치, 그리고 지붕도 강철이 주재료인 내연기관차

13　점용접spot welding 52점, 아크 용접arc welding 0.7미터(등가 점용접 WSE: 35점), 레이저 용접 10.2미터(등가 점용접 WSE: 680점), 접착제adhesive joining 172.9미터(등가 점용접 WSE: 3458점), 리벳 141(등가 점용접 WSE: 141점), Screws 12(등가 점용접 WSE: 12점)

14　BMW 1 시리즈의 경우, 68초이다(BMW, 2011b).

15　BMW 1 시리즈의 경우, 635분이다(BMW, 2011b).

| 내연기관차
강철 차체 | 프레스 공장
강철 차체 파트 성형 | 차체 공장
강철 차체 조립 | 도장 공장
강철 차체 도장 |

BMW i3
탄소섬유
강화플라스틱 차체

차체 공장

프리폼　　　　RTM 부품　　　　라이프 모듈

그림 7-10 내연기관차의 강철 차체 생산과 전기자동차 i3의 탄소섬유강화플라스틱 차체 생산 비교

와 달리 차체 공장에서는 조립되지 않고 조립 공장에서 조립된다. 강철 차체와 달리 탄소섬유강화플라스틱 차체는 도장 공장을 거칠 필요가 없기 때문이다.

　내연기관 자동차의 강철 차체 생산과 전기자동차 i3의 탄소섬유강화플라스틱 차체 생산을 비교해 간략히 그림으로 나타내면 〈그림 7-10〉과 같다.

● **차량 조립**

1) 내연기관차의 차량 조립

차체 제작과 달리 차량 조립은 조립 순서나 자동화 수준에서 회사마다 차이가 상당하다. 여기서는 BMW 3 시리즈 조립라인을 기준으로 차량 조립 과정[16]을 살펴보자(〈그림 7-11〉).

16　BMW의 3 시리즈 차량 조립 과정 분석에서 사용된 영상은 BMW에서 제작하여 공개

내연기관차 차량 조립 공정 흐름: BMW 3 시리즈

도장을 마친 차체가 조립라인으로 이송되면 앞/뒤 옆문을 분리하여 내부 모듈 장착 등 옆문 조립을 완성하는 서브 라인으로 보낸다. 다음으로 차량 하부 조립 작업이 진행되는데, BMW 3 시리즈의 연료통 장착과 연료 라인 설치는 수작업으로 이루어진다. 다음으로 실내 작업이 이루어지는데, 콕핏 모듈[17] 같은 중량물은 기계에 의해 자동으로 삽입된다. 로봇이 차 앞/뒤 유리창 가장자리에 자동으로 접착제를 바르고, 접착 또한 수행한다. 다음으로 시트를 장착한 후 서브 라인에서 완성된 앞/뒤 옆문을 공급받아 조립한다.

웨딩wedding 공정에서는 차체와 섀시가 결합되는데, BMW 3 시리즈의 경우 엔진과 변속기, 앞 현가장치와 뒤 현가장치, 추진축이 미리 조립된 후 기계에 의해 한 번에 자동으로 결합된다. 다음으로 헤드라

한 것으로 현재는 유튜브에서 찾아볼 수 있다. BMW 3 Series Production (https://www.youtube.com/watch?v=4g8ES0jGr8c)

17 콕핏 모듈cockpit module은 게이지, 각종 컨트롤 스위치, 디스플레이, 오디오, 공조 덕트, 콘솔 박스, 스티어링 컬럼, IPinstrument panel, 골격재, 와이어 하니스, 에어백, 차체, 전자 진단시스템 등으로 구성된다.

이트, 그릴, 범퍼 등 자동차 전면부를 미리 조립한 프런트 엔드 모듈Front End Module, FEM을 기계를 이용하여 작업자들이 차체에 결합시킨다. 차량 조립 마지막 단계에서 바퀴를 장착하고 완성차 검사 공정으로 보낸다.

BMW 3 시리즈 차량 조립의 특징을 요약해 보면, 콕핏 모듈, 시트 모듈, 도어 모듈, 프런트 엔드 모듈 등 모듈화 수준은 일반적인 수준이다. 그러나 차체와 섀시 결합 공정은 엔진과 변속기, 앞 현가장치와 뒤 현가장치, 추진축 등 섀시 부분을 미리 조립하여 차체와 결합하는 공정을 단순화하고 자동화한 것이 특징이다. 콕핏 모듈 등 주요 중량물 삽입은 자동화되어 있는데, 일반적으로는 자동화되어 있는 경우도 있고, 기계의 도움을 받아 작업자가 설치하는 경우도 있다.

2) BMW i3의 차량 조립

차체 공장에서 만들어진 라이프 모듈은 자동 운반 대차로 조립라인으로 이동된다. 〈그림 7-12〉에서 볼 수 있듯이, BMW i3의 차량 조

그림 7-12 BMW i3의 차량 조립 공정 흐름

립은 조립라인에서 지붕을 라이프 모듈에 접합하는 공정에서 시작된다. 차체 공장에서 지붕까지 차체에 조립되는 내연기관차와 달리 BMW i3의 지붕이 차량 조립라인에서 장착되는 이유는 BMW i3은 도장 공장을 거칠 필요가 없고 차량의 외관 색상에 맞춰 도색된 차체 외장이 차량 조립라인에서 장착되기 때문이다.

별도 공간에서 수작업 공정과 기계화 공정이 순차적으로 반복되면서 지붕이 제작되면, 기계가 지붕 가장자리를 따라 자동으로 접착제를 바르고 사람이 기계를 사용해 차체에 지붕을 장착한다. 차체 공장에서 로봇에 의해 자동으로 지붕을 제작하고 차체에 장착하는 내연기관차에 비해 BMW i3의 지붕 제작 및 차체 장착은 자동화 수준이 낮다.

BMW i3은 내연기관차에 비해 복잡한 실내 배선 작업이 진행된다. 2인 1조로 작업이 이루어지며, 여러 대에서 동시에 작업이 진행된다(〈그림 7-13〉). 컨베이어가 아니라 자동 운반 대차로 차량을 운반해서 작업 중에는 정지 상태를 유지하고 작업 후에만 이동하기 때문에 가능한 일이며, 사이클 타임이 길기 때문에 필요한 일이다. 다음으로 콕핏 모듈을 장착하는데, 앞서 살펴본 BMW 3 시리즈와 달리 자동화되어 있지 않고, 사람이 기계를 이용해 장착한다. 별도 공간에서 제작된 뒷문 역시 사람이 기계를 이용해 장착한다. 이후 앞 유리창과 시트가 장착된다.

다음으로 서브 라인에서 별도로 조립된 옆문을 장착한다. 옆문 장착도 내연기관차와 차이를 보인다. 강철이 차체 주재료인 내연기관차

그림 7-13 BMW i3의 차량 조립 모습

의 경우, 차체 공장에서 차체에 옆문이 장착된 상태로 도장 공장으로 이송되어 도장 공정을 거치고, 도장된 차체가 조립라인에 이송되어 오면 옆문을 분리하여 서브 라인으로 보내서 옆문 조립을 완성한 후 다시 주 조립라인으로 보내서 차체에 조립하는 과정을 거치게 된다. 그러나 BMW i3은 도장 공장을 거칠 필요가 없기 때문에 차체 공장에서는 옆문을 차량에 장착하지 않고, 서브 라인에서 옆문 조립을 완성한 후 주 조립라인에서 차량에 장착한다.

차체와 섀시를 결합하는 웨딩 공정에서는 라이프치히 공장에서 제작된 라이프 모듈과 딩골핑 공장에서 제작된 드라이브 모듈을 한 번에 결합시킨다. 이 공정은 자동화되어 있다. 다음으로 펜더 등 플라스틱 외판 및 휠을 장착한 후 완성차 검사 공정으로 보낸다.

BMW i3의 차량 조립 과정의 특징을 살펴보면, 우선 사이클 타임이 대단히 길다. BMW i3 차체 공장 주 조립라인의 사이클 타임은 10분 미만이며, i3과 i8이 매일 120대 이상 생산되므로 조립라인의 사이클 타임은 8분 정도(하루 2교대 16시간 작업 기준)로 추정된다. i3 조립라인은 사이클 타임이 길어 한 곳에서 여러 작업이 수행된다.

다음으로 자동화 수준이 높지 않다. 이는 전기자동차인 BMW i3의 목표 생산량이 연 3만 대 정도로 내연기관차에 비해 적고, 실제 판매량도 예측하기 쉽지 않아 자동화 수준을 낮춰 투자비를 절약한 것이다.

마지막으로 같은 라이프치히 공장의 내연기관차 조립라인과 달리 컨베이어가 아니라 자동 운반 대차로 차량을 운반한다. 컨베이어 방식은 유연성이 떨어지고 초기 투자 비용이 크지만 대량 생산할 때 단위 생산비가 낮아 생산량 변동이 작고 생산 규모가 클 때 유리하다.

반면 자동 운반 대차는 대량 생산할 때 단위 생산비는 컨베이어 방식보다 높지만, 초기 투자 비용이 작고 라인 변경과 확장이 자유로워 수요 변동 대응 및 생산 유연성 확보에 유리하다. 따라서 생산량이 적거나 단위 생산비보다 유연성 확보가 중요하다면 컨베이어 대신 자동 운반 대차를 적용하는 것이 합리적이다.

일반적으로 생산량이 많고 생산량 변동이 낮은 내연기관차는 단위 생산비가 낮은 컨베이어를, 생산량이 적고 생산량 불확실성이 높은 전기자동차는 유연성이 높은 자동 운반 대차를 선택하는 것이 경제적으로 합리성이 있다고 할 수 있다. 판매 및 생산량이 적고 판매 및 생산량 불확실성이 높은 전기자동차 시장 환경으로 인해 유연성 확보가 중요하기 때문이다.

결론적으로 BMW i3 차량 조립 공정의 이러한 특징들은 전기자동차라는 제품의 특성이 아니라 아직 태동 단계에 있고 불확실성이 큰 전기자동차 제품 시장의 특성에서 비롯된 측면이 크다.

● BMW i3 사례 요약

BMW i3는 동력원, 차체 주재료, 차체 아키텍처 등 모든 측면에서 내연기관차 중심 지배 디자인에서 벗어났다. 이런 급진적 제품 혁신은 생산시스템에 어떤 영향을 미쳤을까?

먼저 차체 아키텍처의 변화가 생산시스템에 미친 영향을 살펴보자. BMW i3은 내연기관차 중심의 지배 디자인인 일체형 차체 방식에서 벗어나 차대에 차체가 얹히는 분리형 차체 방식의 아키텍처이다. 이런 아키텍처로 인해 섀시 시스템 조립 및 장착 공정 전체가 주 조립라인에서 분리되어 별도 공장에서 수행되고 있는데, 이는 드라이브 모듈을 생산하는 새로운 하위 생산시스템이 형성된 것이라 할 수 있다. 이에 따라 전기모터나 각종 섀시 모듈, 고전압 배터리 시스템이 주 조립라인에 공급되지 않고 드라이브 모듈 생산 공장에 공급되며, 주 조립라인에서는 라이프 모듈과 결합하는 하나의 공정만 남는다. 제품 아키텍처의 변화가 생산시스템의 구조 변화를 가져온 것이다.

다음으로 지배 디자인의 동력계 차원을 살펴보면, 우선 동력원의 종류가 엔진에서 전기모터로 바뀌면서 내연기관차의 엔진을 만드는 공장에서 전기자동차의 구동 모터를 생산하게 되었다. 둘째, 동력원의 위치가 전방 엔진룸에서 드라이브 모듈 뒷부분으로 바뀌었는데, 이로 인해 동력원이 주 조립라인에 직접 공급되는 것이 아니라 드라이브 모듈을 생산하는 별도 공장에 공급되는 방식으로 바뀌었다. 이는 제품의 구조 변화가 생산시스템의 구조 변화로 이어진 것이다. 셋째, 내연기관이 사라짐에 따라 흡·배기계와 연료계가 없어지고 따라서 관련 공정이 사라졌다. 이는 제품 혁신이 하위 생산시스템인 조립 공장의 공정 감소로 이어진 것이다. 넷째, 기존 연료계 대신 고전압 배터리 시스템이 필요해졌으나, i3의 경우 고전압 배터리 시스템이 주 조립라인이 아니라 드라이브 모듈 생산 공장으로 공급되어 조립된다. 제품의 아키텍처 혁신이 생산시스템의 구조 변화를 가져왔고, 차량 조립라인이 짧아지고 단순화되었다.

다음으로 BMW i3의 가장 큰 혁신이라 할 수 있는 차체 주재료의 변경, 즉 강철에서 비금속 경량 재료인 탄소섬유강화플라스틱으로의 변경은 생산시스템에 어떤 영향을 미쳤을까? 우선 강철 차체 생산에 필요한 하위 생산시스템인 프레스 공장과 도장 공장이 사라졌다. 이는 제품 혁신이 생산시스템의 구조 혁신으로 귀결된 것이다. 또한 차체 주재료의 변경은 차체 공장의 주요 공정 기술 변화를 가져왔다. 강철 차체 조립에는 용접이 주로 사용되지만, 탄소섬유강화플라스틱 차체 조립에는 RTM 기술과 접착제를 이용한 접합이 주로 사용된다. 하위 생산시스템인 차체 공장은 유지되지만, 하위 시스템의 주요 생산기술이 바뀐 것이다.

이상의 분석을 종합해 보면, BMW i3은 동력원과 차체의 주재료, 차체 아키텍처 등 모든 차원에서 기존 지배 디자인에서 벗어난 급진적 혁신이며, 모듈화할 수 있는 혁신(동력원의 변화)과 모듈화할 수 없는 혁신(차체 주재료의 변경과 차체 아키텍처 변화)이 동시에 발생하면서 기존 생산시스템의 급진적 변화를 가져왔다.

전기자동차와 생산시스템에 대한 일반화

필자는 BMW i3뿐만 아니라 주요 자동차 회사들의 대표 전기자동차와 그 생산시스템에 대해 연구해 왔다. 그러나 이 책에서 모든 사례를 상세히 다루는 것은 적절하지 않기 때문에 이 장에서는 BMW i3을 대표 사례로 선정하여 전기자동차가 생산시스템에 어떤 변화를 가져오는지 살펴보았다. 이제부터 주요 자동차 회사의 대표 전기자동차와 그 생산시스템에 대한 나름의 분석에 기반해 전기자동차가 자동차 생산시스템에 미치는 영향을 종합할 것이다.

여기에서 종합의 근거가 되는 사례들은 지금까지 살펴본 BMW의

i3 외에 테슬라의 모델 S, GM의 볼트 EV, 그리고 현대자동차의 코나 일렉트릭과 아이오닉 5이다. 우선 테슬라 모델 S는 고급 스포츠 세단으로, '모든 면에서 내연기관차보다 우월한 차'를 목표로 원가보다 성능에 초점을 두고 개발한 차이며 전기자동차의 새 시대를 연 제품이다. 다음으로 GM 볼트 EV는 대중용 전기자동차로 성능보다 원가에 중점을 두고 개발한 제품이다. 그리고 코나 일렉트릭[18]은 현대자동차가 내연기관차를 기반으로 만든 대표적인 전기자동차이며, 아이오닉 5는 현대자동차가 전기자동차 전용 플랫폼을 사용하여 개발한 첫 번째 전기자동차이다.

이 사례들은 고급차 업체 중 전기자동차 분야 선두 기업인 BMW, 전기자동차 선도 기업이며 자동차산업 신규 진입자인 테슬라와 대중차 업체 중 전기자동차 분야에서 앞서고 있는 GM, 그리고 한국을 대표하는 세계적인 자동차 회사인 현대자동차의 대표적인 전기자동차들이다. 이 사례들은 제품 시장(고급차, 대중차, 전기자동차), 자동차산업 신규 진출 여부, 제품 개발 목표, 전기자동차 전용 생산 여부, 노조 유무 등 주요 기준에서 다양하게 분석할 수 있는 사례(《표 7-3》)로, 이 사례들을 분석하면 전기자동차가 생산시스템에 미치는 영향을 종합적으로 파악할 수 있고, 그 결론을 일반화할 수 있다.

---

18 한국자동차산업협회의 2021년 4월 5일 「2021년 주요국 전기동력차 보급현황 분석」에 따르면, 2020년 세계 시장에서 다섯 번째로 많이 팔린 전기자동차로 56,028대 판매되었다. 현대기아차그룹의 전기자동차 중에서 가장 많이 팔렸다.

표 7-3 전기자동차 사례 비교

사례	업체 특징	개발 중점	제품 플랫폼	전용 생산 여부	노사관계
테슬라 모델 S	선도 기업, 신규 진출자	성능 우위	전기자동차 전용 플랫폼	전기자동차 전용 생산	무노조
BMW i3	고급차 업체	친환경			협조적
GM 볼트 EV	대중차 업체	원가 우위	내연기관차 플랫폼 개조	내연기관차와 혼류 생산	순응적
현대차 코나 EV					대립적
현대차 아이오닉 5			전기자동차 전용 플랫폼	최종 조립라인만 전기자동차 전용	

기업은 경쟁 우위 확보 및 유지를 위해 지속적으로 제품을 혁신하고, 이 혁신 제품을 효율적으로 생산하기 위해 생산전략을 수립한다. 노동조합이 활동력 있는 경우, 회사가 생산전략을 실현하는 과정에 노동자들의 권익을 옹호하기 위해 노동조합이 개입하기도 한다. 혁신 제품이 생산되는 생산시스템은 이렇게 행위자들에 의해 만들어진다. 따라서 제품 혁신이 생산시스템에 미치는 영향을 온전히 분석하기 위해서는 다음 〈그림 7-14〉와 같은 분석틀이 필요하다.

독립 변수인 제품 혁신은 현재 지배 제품인 내연기관차에서 점차 확산되고 있는 전기자동차로의 변화를 의미한다. 여기에서는 전기자동차라는 제품 혁신이 생산시스템에 미치는 주요 효과를 먼저 분석하고, 회사의 생산전략과 노동조합의 대응이 이 주요 효과를 어떻게 조절하는지 분석한다.

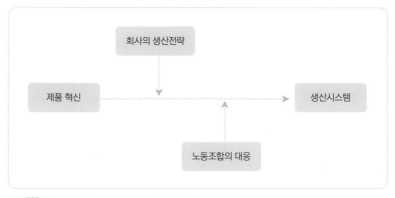

그림 7-14 제품 혁신이 생산시스템에 미치는 영향 분석틀

● **전기자동차-급진적 제품 혁신**

전기자동차가 자동차 회사들이 주기적으로 개발해 판매하는 내연기관 신차들과 근본적으로 다른 이유는 내연기관차 중심으로 확립되어 오랫동안 유지되어 온 기존 지배 디자인으로부터 벗어나기 때문이다. 즉 전기자동차는 '지배 디자인으로부터 이탈하는 급진적 혁신'이다. 현재 자동차의 지배 디자인은 동력원으로서 내연기관과 강철을 주재료로 사용한 차체, 일체형 차체로 대표되는 통합형 제품 아키텍처로 정의된다. 따라서 전기자동차라는 제품 혁신은 동력원의 변화, 차체 주재료의 변화, 차체 아키텍처의 변화라는, 지배 디자인의 세 가지 차원에서 분석된다. 제품의 지배 디자인 차원에서 전기자동차는 기존의 내연기관차와 어떻게 다른지 살펴보자(《표 7-4》).

표 7-4 전기자동차 사례의 지배 디자인 측면 분석

지배 디자인		내연기관차	전기자동차			
			i3	모델 S	아이오닉 5	볼트 EV 코나 EV
동력원	종류	내연 엔진	이탈(전기 구동 모터)			
	수	1개	준수	이탈(1~2개)		준수
	위치	전방 엔진룸	이탈(구동 바퀴 사이)			준수
	부대 장치	변속기, 흡·배기계, 연료계	이탈(고전압 배터리)			
차체 주재료		강철	이탈 (비금속)	부분 이탈 (비철 금속)	준수	
차체 아키텍처		일체형 차체	이탈 (분리형)	준수		

1) 동력원의 변화

반면 전기자동차는 동력원이 전기 구동 모터로 바뀌게 되고, 전륜구동이나 후륜구동은 모터 하나만 전방이나 후방에 장착되지만(GM 볼트 EV, 현대자동차 코나 일렉트릭, BMW i3 등), 사륜구동의 경우 전방과 후방에 모터가 각각 하나씩 장착되며(테슬라 모델 S, X, 현대차 아이오닉 5 등), 인-휠in-wheel 방식의 경우 바퀴에 모터가 각각 하나씩 장착된다. 전기자동차는 동력원의 종류는 물론 개수와 장착 위치도 기존 지배 디자인에 구애받지 않아 자동차 설계의 주요 제약 조건이 사라지는 것이다.

동력원의 변화는 동력계의 변화를 가져온다. 동력원이 작동하려면 필수적인 부대 장치들이 있기 때문이다. 내연기관의 경우 연료 시스템과 흡·배기 시스템, 그리고 엔진 동력을 효율적으로 이용하기 위한 다단 변속기가 필요하다. 그러나 전기 구동 모터는 이런 장치들 대신 고전압 배터리가 필요하다.

2) 차체 주재료의 변화

차체 주재료 측면에서 보면, 차체 주재료로 강철을 사용해 기존 지배 디자인을 준수하고 있는 유형(GM 볼트 EV, 현대자동차 코나 일렉트릭, 아이오닉 5)도 있고, 차체 주재료로 비철 금속인 알루미늄을 사용해 지배 디자인에서 부분적으로 벗어난 유형(테슬라 모델 S)도 있다. 더 나아가 비금속 재료인 탄소섬유강화플라스틱을 차체의 주재료로 사용해 기존 지배 디자인에서 완전히 이탈한 유형도 있다(BMW i3).

3) 차체 아키텍처의 변화

마지막으로 차체 아키텍처를 살펴보자. 초기 전기자동차들은 내연기관차 플랫폼이나 내연기관차 플랫폼을 전기자동차용으로 개조한 플랫폼(볼트 EV, 코나 일렉트릭)을 사용했으나, 전기자동차의 성능 경쟁이 치열해지면서 전기자동차에 최적화된 전용 플랫폼을 사용하는 전기자동차들이 늘어나고 있다. 이 전기자동차 전용 플랫폼은 대용량 고전압 배터리 팩을 차 바닥 아래에 장착하기 위해 스케이트보드 형태로 수렴하고 있다.

전기자동차 전용 플랫폼을 사용하면서도 섀시 시스템이 차체 바닥에 직접 장착되는 일체형 차체를 유지하고 있는 유형(모델 S, 아이오닉 5)도 있고, 차체와 차대가 완전히 분리되는 분리형 차체 방식을 채택해 기존 지배 디자인에서 완전히 벗어난 유형(BMW i3)도 있다. 이 방식에서는 차체와 차대를 따로 개발하고 생산할 수 있다. 한 기업에서 차체와 차대를 모두 개발하거나 생산할 필요가 없으므로 차체 전문 업체와 차대 전문 업체로 분리도 가능하다.

● **전기자동차가 생산시스템에 미치는 영향**

이제 급진적 제품 혁신인 전기자동차가 생산시스템에 어떻게 영향을 미치는지 지배 디자인의 차원별로 살펴보자.

1) 동력원의 변화

내연기관 엔진에서 전기 구동 모터로 동력원의 종류 변화는 기술적으로 모듈화할 수 있는 변화이다. 그리고 제품과 생산시스템의 모듈식 설계를 기반으로 하는 대량 맞춤 생산시스템은 모듈화의 변화를 수용할 수 있는 유연성을 갖추고 있다. 따라서 동력원의 종류 변화에 의한 기술적 변동만으로는 기존 생산시스템의 급진적 변화가 일어나지 않는다. 이는 모든 사례에서 확인되었다.

다만 동력원의 내부 생산 여부는 사례별로 차이가 있다. 사례들 중에서 BMW i3와 테슬라 모델 S의 경우 동력원을 내부에서 생산하고 있으나, GM 볼트 EV와 현대자동차 코나 일렉트릭, 아이오닉 5는 동력원을 외부에서 공급받고 있다. 동력원의 내부 생산 여부를 결정하는 것은 동력원의 종류 변화에 의한 기술적 변동 그 자체가 아니라 기업의 선택과 이에 대한 노동조합의 대응이다. 이에 대해서는 다음의 조절 효과 부분에서 상세하게 살펴본다.

2) 차체 주재료의 변경

차체 주재료를 기준으로 전기자동차는 세 가지 유형으로 분류할 수 있다. 첫째는 GM 볼트 EV나 현대차동차 코나 일렉트릭과 아이오닉 5처럼 차체 주재료로 강철을 계속 사용하는 유형이다. 둘째는 테슬라 모델 S처럼 차체 주재료로 강철 대신 비철 금속 경량 소재인 알루미늄을 사용하는 유형이다. 마지막으로 BMW i3처럼 차체 주재료로 강철 대신 비금속 경량 소재(탄소섬유강화플라스틱)를 사용하는 유형이다. 원가 부담이 큰 대중용 차는 경량화를 위해 경량 소재 사용을 확대하더라도 차체 주재료로 강철을 유지하는 것이 합리적이지만, 원가 부담이 작고 성능 우위가 중요한 고급차는 경량화를 위해 차체 주재료를 경량 소재로 변경하는 것이 합리적이다.

현재 자동차 생산시스템은 강철 차체에 맞게 정립한 것이므로 차체 주재료의 변경은 생산시스템을 변화시키는 계기가 될 수 있다. 예를 들어 비금속 소재인 탄소섬유강화플라스틱으로 차체를 생산하는 데는 금속 재료를 성형하기 위해 필요한 프레스 공장과 금속 차체를 도장하기 위해 필요한 도장 공장이 필요 없게 되고, 차체 공장에서도 강철 차체 생산기술과는 다른 생산기술이 사용된다. 즉 차체 주재료를 강철에서 비금속 소재로 변경한 것은 기술적으로 모듈화할 수 없는 변화이고, 생산시스템의 급진적 변화를 가져온다.

반면 알루미늄도 금속이기 때문에 알루미늄 차체를 생산하려면 금속 재료를 성형하기 위한 프레스 공장과 금속 차체를 도장하기 위한 도장 공장이 필요하다. 생산시스템의 기본 구조가 유지되는 것이다. 그러나 알루미늄은 강철에 비해 성형성이 떨어지기 때문에 프레스 공정이 더 복잡해지고, 용접도 더 어려워 차체 공장에서 차체를 조립하기 위해 다른 설비와 더 다양한 기술이 필요하다. 생산시스템의 급진적 변화는 없고 부분적인 변화만 발생하는 것이다.

3) 차체 아키텍처의 변화

현재 차체 아키텍처의 지배 디자인은 일체형 차체이다. 항속거리를 늘리기 위해 대용량 고전압 배터리를 장착해야 하고, 대용량 고전압 배터리를 장착할 수 있는 공간이 차 바닥 아래밖에 없는 까닭에 전기자동차들의 차체 아키텍처는 스케이트보드형이 대세가 되고 있다. 그러나 대부분의 전기자동차들이 섀시 시스템이 차체에 장착되는 일체형 구조를 유지하고 있다. 예를 들어 테슬라 모델 S와 GM 볼트 EV가 그렇고 현대자동차의 전기자동차들도 그렇다.

예외로 BMW i3은 일체형에서 벗어나 분리형 차체 방식을 채택해 차체와 차대가 완전히 분리되는 구조이다. 그 결과 차대가 차량 조립 공장과는 별도 공장에서 제작되는 방식으로 생산시스템의 구조가 바뀌었다. 그리고 분리형 차체 아키텍처는 차량 조립 시스템에도 변화를 가져와 차체에 섀시 시스템을 장착하는 공정들이 차체와 차대를 연결하는 하나의 공정으로 축소된다.

　이상의 내용을 종합하면, 생산시스템의 급진적 변화를 가져오는 것은 기술적으로 모듈화가 가능한 동력원의 변화가 아니라 모듈화할 수 없는 차체 주재료의 비금속 재료로의 변경과 일체형 차체로부터 분리형 차체로의 차체 아키텍처의 변경이다. 모듈화할 수 있는 급진적 제품 혁신은 기존 생산시스템의 급진적 변화를 일으키지 않지만, 모듈화할 수 없는 급진적 제품 혁신은 기존 생산시스템의 급진적 변화를 일으킨다. 급진적 제품 혁신인 전기자동차가 생산시스템에 미치는 영향을 요약하면 〈표 7-5〉와 같다.

표 7-5 전기자동차가 생산시스템에 미치는 영향 요약

지배 디자인		내연기관차	전기자동차	생산시스템
동력원	종류	엔진	전기모터	내부 생산: 생산시스템의 구조 유지 외부 생산: 생산시스템의 구조 변화 (파워트레인 공장 불필요)
	수	1개	1~2개	필요 공정 및 공수 결정
	위치	엔진룸	엔진룸, 구동 바퀴 사이	동력원 장착 공정 변화
	부대 장치	변속기, 흡·배기계, 연료계	고전압 배터리	차량 조립라인: 공정 및 공수 대폭 축소, 자동화 용이
차체 주재료		강철	강철, 비철 금속, 비금속	차체 생산기술과 생산 공정에 영향 금속: 생산시스템의 구조 유지 비금속: 생산시스템의 구조 변화
차체 아키텍처		일체형	일체형, 분리형	분리형: 차체와 차대 분리 생산

● 회사의 생산전략과 노동조합 대응의 조절 효과

제품 혁신이 생산시스템에 미치는 영향은 제품 혁신에 의한 기술적 변동만으로 결정되는 것이 아니라 기업의 생산전략과 노동조합의 대응으로 조절된다. 기업의 생산전략과 노동조합의 대응으로 어떻게 조절되는지 지배 디자인의 차원별로 살펴보자.

1) 동력원의 변화

동력원의 종류 변화가 생산시스템에 미치는 영향을 조절하는 가장 큰 요인은 동력원의 내부 생산 여부이다. 즉 동력원을 완성차 업체 내부에서 생산하느냐 외부 업체로부터 공급받느냐에 따라 기업 수준 자동차 생산시스템에 동력원을 생산하는 하위 생산시스템이 유지되느냐의 여부가 결정된다.

동력원을 내부에서 직접 생산하는 경우(i3와 모델 S) 기업 수준 생산시스템에 파워트레인power train 공장이 포함되어 있지만, 외부에서 공급받는 경우(볼트 EV, 코나 일렉트릭) 기업 수준 생산시스템에 파워트레인 공장이 없다.

주요 전기자동차의 사례들을 살펴보면 완성차 기업들의 전기자동차 파워트레인 공급 방식은 다양한 유형이 공존하는데, 이러한 현상은 내연기관차와 확연히 다르다.

엔진은 내연기관차의 동력 성능을 결정하는 핵심 요소이고, 우수한 성능의 엔진을 개발하고 생산하는 역량은 완성차 기업의 필수 역량이다. 그래서 내연기관차 생산시스템에는 일반적으로 파워트레인 공장이 하위 생산시스템으로 포함되어 있다.

그렇다면 왜 내연기관차와 달리 전기자동차의 파워트레인 생산과 관련하여 다양한 선택들이 공존하는가? 전기자동차는 내연기관차에 비해 우수한 동력 성능을 확보하기가 수월해 동력 성능이 핵심적인 제품 차별화 요소가 되기 어렵고, 이에 따라 구동 모터는 엔진만큼 핵심적인 부품이 아니기 때문이다. 게다가 구동 모터는 엔진에 비해 구조가 간단하며 생산하기 쉽고, 엔진만큼 업체 간 성능 차이가 크지 않다. 따라서 내연기관차의 엔진과 달리 전기자동차의 구동 모터에 대해 독자적인 개발과 생산을 고수할 것인가, 아니면 외부에서 구매할 것인가에 대해 기업마다 다르게 선택할 여지가 있다. 즉 구동 모터 개발과 생산 능력은 전기자동차 기업의 필수 역량이 아닐 수 있으며, 이는 내연기관차에 비해 전기자동차의 산업 진입 장벽이 대폭 낮고 생산시스템에 필요한 투자도 훨씬 작다는 것을 의미한다.

GM의 경우 볼트 EV 이전에 개발해 양산했던 전기자동차 스파크의 구동 모터는 개발과 생산을 모두 직접 수행했지만, 후속 전기자동차인 볼트 EV의 구동 모터는 개발은 직접 하고 생산은 외부에 맡기고 있다.[19] GM 볼트 EV처럼 구동 모터를 외부에서 공급받는 경우에

---

19 GM은 볼트 EV의 구동 모터만이 아니라 배터리 셀부터 배터리 팩, 감속기까지 파워 트레인 전체와 전장 시스템을 LG그룹에서 공급받고 있다. 이러한 사례는 내연기관차의 경우와는 상당히 다른데, 이렇게 한쪽에서 일괄 공급받는 이유가 원가 절감 때문인 것으로 추정된다. OEM에서 제품을 개발하고 생산은 전문 생산기업에 맡기는, 이른바 EMS 방식이 전자산업에서는 일반화되어 있다.

는 완성차 기업 수준 생산시스템에서 파워트레인을 생산하는 하위 생산시스템이 사라지므로 이는 기업 수준 자동차 생산시스템의 구조가 변한 것이다.

이러한 변화가 일어나면 완성차 기업 내부에는 파워트레인을 생산하는 노동력이 전혀 필요 없게 되고, 기존 내연기관차 생산에 비해 완성차 기업 내부 일자리가 대폭 축소된다는 것을 의미한다.[20] 이는 노사관계에 직접적인 영향을 미치는 사안이며, 반대로 노사관계에 따라 그 결정이 영향받을 수 있는 사안이다.

볼트 EV를 생산하는 오리온 공장은 조립 공장으로 자체 파워트레인 공장을 갖고 있지 않아 다른 공장에서 파워트레인을 공급받아야 하며, 볼트 EV의 생산량이 연 3만 대 수준에 불과해 GM 내부 재직자들의 일자리를 직접적으로 위협하지 않는다는 점이 파워트레인의 외부 공급을 수월하게 하는 요인이라 할 수 있다.

---

20 전기자동차의 파워트레인을 외부에서 공급받지 않고 완성차 기업 내부에서 생산하더라도 파워트레인 생산에 필요한 노동력은 내연기관차의 파워트레인 생산에 비해 대폭 줄어든다. 생산의 기술시스템에 급진적 변화는 발생하지 않지만 무시할 수 없는 변화가 일어나는 것이다. 내연기관차의 파워트레인(엔진과 변속기, 배기계)에 필요한 부품은 약 1,400개이지만 전기자동차의 파워트레인(전기모터, PE와 배터리 팩)에 필요한 부품은 약 200개에 불과하고(ING, 2017), 유럽 기준으로 전기자동차의 동력계 조립 공수(모터+감속기+배터리 팩: 3.7MH)도 내연기관차의 동력계 조립 공수(엔진+변속기: 6.2MH)에 비해 30~40퍼센트 축소된다(AlixPartners, 2017; Ford, 2017). 또한 전기모터와 배터리 팩은 자동화하기도 쉽다. 그래서 노동자 한 사람이 1년에 생산할 수 있는 전기자동차 동력계의 수가 내연기관차 동력계의 수보다 훨씬 많다(ING, 2017). 예를 들어 유럽 기준으로 노동자 한 사람이 1년에 내연기관 엔진 350대나 변속기 350대를 생산할 수 있는 반면, 구동용 전기모터는 1,600대를 생산할 수 있는 것으로 추정된다.

그러나 BMW i3을 생산하는 라이프치히 공장도 자체 파워트레인 공장을 갖고 있지 않아 다른 공장에서 파워트레인을 공급받는 조립 공장이며, BMW i3의 생산량도 볼트 EV와 유사한 수준임에도 BMW i3의 구동 모터를 외부가 아니라 BMW 내부에서 내연기관차의 엔진을 생산하는 란트슈트 공장에서 생산해 공급하고 있다.

현대자동차의 사례는 GM이나 BMW의 사례와 대조적이다. 현대자동차 울산공장은 자체 파워트레인 공장을 갖고 있음에도 현대자동차 울산 1공장에서 생산되는 코나 일렉트릭과 아이오닉 5의 PE 모듈[21]을 외부에서 공급받고 있다. 노동조합의 반대에도 회사가 PE 모듈 외주화라는 생산전략을 관철한 것이다.

결론적으로 내연기관 엔진에서 전기 구동 모터로의 동력원 변화가 기술적으로 외주화를 수월하게 했지만, 전기자동차 파워트레인의 외주화 여부는 제품 혁신에 의한 기술 변동 자체에 의해 결정되는 것이 아니라, 일차적으로 노사관계까지 고려한 기업의 생산전략에 의해 결정되고, 다음으로 이에 대한 노동조합의 대응에 따라 영향을 받는다.

---

21 PE$^{Power Electronics}$ 모듈은 구동 모터와 감속기(모터의 회전수를 낮추어 더 높은 회전력을 얻을 수 있도록 하는 장치), 인버터(고전압 배터리에 저장된 직류전원(DC)을 교류전원(AC)으로 변환하여 모터의 토크를 제어하는 부품)를 일체화한 모듈이다.

2) 차체 주재료의 변경

차체 주재료 변경이 생산의 기술시스템에 미치는 영향은 차체 생산에 필요한 기술의 차이에 따른다. 이를 기업의 생산전략이나 노동조합의 대응으로 조절될 수 있을까? BMW가 i3의 탄소섬유강화플라스틱 차체 생산에 필요한 RTM 파트를 만드는 RTM 공정을 초기에는 수작업에 의존하다가 100퍼센트 자동화 공정으로 전환한 것처럼, 자동화 수준 등은 기업의 생산전략이나 노동조합의 대응에 따라 조절될 수 있지만 생산시스템의 근본적인 변화는 조절할 수 없다. 현재 자동차 생산시스템은 금속 차체에 맞게 정립된 것이므로 비금속 재료로 차체 주재료의 변경은 생산시스템에 급진적 변화를 가져온다.

3) 차체 아키텍처의 변화

일체형 차체에서 분리형 차체로 차체 아키텍처의 변화는 차체와 차대를 별도로 생산하는 것으로 생산시스템을 바꾼다. 이 자체는 제품 혁신에 따른 기술 변화에 따른 것으로, 행위자들의 개입에 의해 변화하지 않는다. 그러나 한 기업 내에서 차체와 차대를 별도로 생산할지, 아니면 차체 생산업체와 차대 생산업체를 분리할지는 기업의 생산전략과 이에 대한 노동조합의 대응에 따라 달라질 수 있다. 전자의 방식에서는 기업 수준 자동차 생산시스템에 차대를 생산하는 하위 시스템이 새로 생기는 것이며, 후자의 방식에서는 기업 수준 자동차 생산시스템에서 차체 공장이 사라지거나 섀시 시스템 조립 공정이 사라지게 된다.

이상을 종합하면, 기술적 합리성이 허용하는 범위 안에서는 행위자들의 개입이, 즉 기업의 생산전략과 이에 대한 노동조합의 대응이 생산시스템에 미치는 제품 혁신의 영향을 조절할 수 있지만, 기술적 합리성을 넘어서까지 조절할 수 없다는 것을 알 수 있다.

08
고전압 배터리
- 전기자동차의 심장

내연기관차 제품 경쟁력의 핵심이 엔진이라면, 전기자동차 제품 경쟁력의 핵심은 고전압 배터리이다. 역사적으로 전기자동차가 도태되었던 이유는 항속거리가 짧고, 가격이 비싸다는 것이었다. 이는 배터리 기술이 충분히 발전하지 못해서였는데, 현재도 전기자동차의 단점 대부분이 배터리와 관련 있다.

우선 전기자동차가 실용적이려면 항속거리가 충분해야 하는데, 이를 위해서는 충분한 용량의 배터리가 필요하다. 그런데 리튬이온배터리는 전체 차량 원가의 30~40퍼센트 수준의 높은 원가 비중을 차지할 정도로 비싸다(《그림 8-1》). 그리고 많은 사람이 전기자동차에 관해 우려하는 화재 등 안전성과 배터리 수명 등 내구성도 배터리 성능과 관련 있다. 전기자동차 확산의 주요 장애요인들이 모두 고전압 배터리와 관련되어 있는 것이다.

또한 자동차에서 중량은 연비와 주행, 충돌 안전과 내구 등 주요 성능[1]에 영향을 미치는 중요한 요소인데, 고전압 배터리로 인해 전기

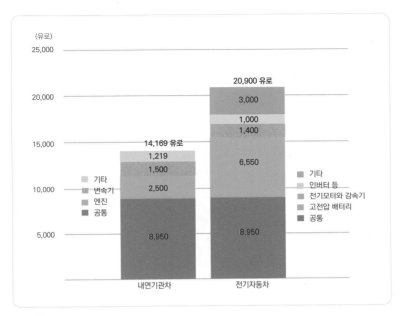

(유로)

25,000

20,000 ── **20,900 유로**
3,000
1,000
1,400

15,000 ── **14,169 유로**
1,219
1,500
6,550
2,500

10,000

기타
변속기
엔진
공통

기타
인버터 등
전기모터와 감속기
고전압 배터리
공통

5,000 ──
8,950
8,950

내연기관차   전기자동차

그림 8-1 내연기관차와 전기자동차의 원가 구성 비교

자동차는 동급 내연기관차에 비해 훨씬 무겁다. 한 예로 테슬라 모델 S 60(2012)의 고전압 배터리 팩(용량 60kWh)은 중량이 590킬로그램으로 차량 전체 중량의 30퍼센트 수준이었다(〈표 8-1〉 참조). 고전압 배터리의 무게 때문에 테슬라 모델 S 60의 파워트레인 중량이 725킬로그

---

1 속도가 같으면 차가 무거울수록 운동에너지가 크기 때문에 충돌할 때 충격 하중이 크고, 따라서 충돌 안전에 불리하다. 또한 차가 무거울수록 차량 내구 성능이 떨어지게 된다. 충돌 안전 성능과 차량 내구 성능의 불리함을 만회하기 위해 추가로 보강하면 중량과 원가가 상승하고, 경량화를 위해 고가의 경량 재질을 사용하면 원가가 더 상승한다.

전기자동차 테슬라 모델 S 60과 내연기관차 BMW 730d 제원 비교

	Tesla Model S 60(2012)	BMW 730d(2015)
전장/전폭/전고(mm)	4,979/1,964/1,445	5,098/1,902/1,467
오버항(전/후)(mm)	937/1,081	880/1148
휠베이스(mm)	2,960	3,070
동력원	후륜 모터 (285kW/382마력)	직렬 6기통 3.0L 터보차저 디젤, 265마력
배터리 팩/연료통	60kWh(350V)	78L
파워트레인 중량(kg)	725 (모터 135, 배터리 팩 590)	310.7 (엔진 168.4, 변속기 120, 연료 계통 22.3)
공차 중량(kg)	2,018	1,755
차체 골격 중량(kg)	259.3(주재료: 알루미늄)	356.0(주재료: 강철)

램이나 되는데, 이는 동급 내연기관차인 BMW 730d(2015)의 파워트
레인 중량(310.7킬로그램)의 두 배도 넘는다. 따라서 배터리의 에너지
밀도(중량 대비 에너지)는 대단히 중요하다.

그리고 세계적으로 배터리 셀 생산은 몇몇 기업이 과점하고 있고,
핵심 원료도 소수 국가에 집중되어 있어 앞으로 수요 대비 공급 부
족이 예상되는 등 전기자동차 공급망 차원에서도 고전압 배터리는
대단히 중요하다.

마지막으로 환경에 미치는 영향이다. 현재 진행 중인 전기자동차

확산의 주요 동인이 기후 위기에 대한 대응–친환경성으로, 전기자동차의 핵심인 고전압 배터리는 전기자동차의 구성 요소 중 가장 환경에 해롭다. 다음 9장에서 전기자동차에 대한 전주기 평가Life Cycle Assessment, LCA를 다룰 때 자세히 살펴보겠지만, 고전압 배터리의 원료 채취부터 제조까지 온실가스와 유해 물질이 많이 발생한다. 전기자동차의 친환경성을 높이기 위해서는 이런 고전압 배터리의 유해성을 줄여야 한다.

이러한 이유로 고전압 배터리의 성능 향상과 제조, 관리 기술은 전기자동차의 핵심 기술이라 할 수 있다. 따라서 이 장에서는 이차 전지의 원리와 배터리 셀, 배터리 시스템, 그리고 공급망을 포함한 배터리 가치사슬 등 전기자동차에 사용되는 고전압 배터리를 정확하게 이해하기 위해 필요한 지식들을 다룬다.

리튬이온전지

● 전지

전지battery는 화학적 또는 물리적 작용을 통해 전기에너지를 발생, 공급하는 장치로 크게 화학 전지와 물리 전지로 분류된다(《그림 8-2》).

화학전지는 화학에너지를 전기화학적 산화, 환원반응에 의해 전기에너지로 변환하는 장치로, 일차 전지와 이차 전지, 연료 전지 등이 있다. 일차 전지는 화학에너지를 전기에너지로 1회만 변환할 수 있는

그림 8-2 전지의 분류

전지로 충전이 불가능하다. 우리가 흔히 건전지라 부르는 망간전지와 알칼리망간전지가 대표적인 일차 전지이다.

이차 전지는 외부의 전기에너지를 화학에너지의 형태로 바꾸어 저장해 두었다가 필요할 때 전기로 재생하는 장치로, 일차 전지와 달리 충전하여 반복 사용할 수 있다. 그래서 축전지 또는 충전식 전지라고도 불린다. 다양한 종류의 이차 전지가 개발되어 있으며, 이차 전지의 종류별 특징을 요약하면 다음 〈표 8-2〉와 같다. 자동차에 보편적으로 쓰이는 납축전지와 전기자동차의 전기모터를 구동하기 위해 쓰이는 리튬이온전지가 이차 전지의 대표적인 예이다.

연료 전지는 연료의 화학에너지를 전기에너지로 직접 변환하는 장치이며, 가장 잘 알려진 것은 자동차에 쓰이는 수소연료전지이다.

모든 화학전지는 양극과 음극이 있고, 양극과 음극은 분리막에 의해 분리되어 있으며, 전해질이 양극과 음극 사이의 이온 전달을 매개하여 산화와 환원반응을 일으킨다.

화학에너지를 전기에너지로 변환하는 화학 전지와 달리, 물리 전

표 8-2 이차 전지의 종류별 특징

		납축전지	니켈카드뮴전지	니켈수소전지	리튬이온전지
양극		과산화납	수산화니켈	수산화니켈	전이금속산화물
전해질		묽은 황산	수산화칼륨	알칼리 수용액	리튬염 유기용액
음극		납	카드뮴	수소흡장합금	흑연계 탄소
전압(V)		1.2	1.2	1.2	3.6
특징	장점	넓은 작동 온도	급속 충·방전	안전성	높은 에너지밀도
	단점	무겁다	메모리 효과	높은 자가 방전율	안전성 취약
에너지 밀도	비교	낮음	낮음	보통	높음
	Wh/kg	30~40	60	80	150
가격		저가	중가	중가	고가
주요 용도		차량용 산업용	차량용 산업용	가정용 기기	휴대용 기기 전기자동차

출처: 한국전지산업협회

지는 물질의 물리적 변화에 의해서 발생하는 에너지를 직접 전기에 너지로 변환하는 전지로, 태양 전지나 열전소자, 원자력 전지 등이 물리 전지에 해당한다.

● 왜 전기자동차에 리튬이온전지가 사용될까?

전기자동차에 사용되는 리튬이온전지는 리튬이온을 전하 운반체로 이용하여 화학에너지를 전기에너지로 변환하는 이차 전지이다. 양극재와 음극재가 분리막과 전해질을 통해 리튬이온을 서로 교환하면서 충전 또는 방전을 수행한다. 리튬이온전지는 고가이고, 열적 안정성이 낮지만, 고성능이라 전기자동차에 사용된다.

리튬이온전지의 특징을 살펴보자. 앞의 〈표 8-2〉에서 알 수 있듯이, 우선 리튬이온전지는 전압이 3.6V로 다른 이차 전지들에 비해 높다. 리튬이온전지는 전압이 높으므로 고출력을 낼 수 있다. 다음으로 리튬이온전지는 자동차에 일반적으로 쓰이는 납축전지에 비해 에너지밀도와 출력밀도가 3~4배 높다.

리튬이온전지는 배터리에 충전된 전하가 얼마나 잘 방전되는지를 나타내는 쿨롱Coulomb효율(=방전된 전하량/충전된 전하량)이 90퍼센트를 넘는다. 또한 기존 전지는 메모리 효과[2]를 막기 위해 충전과 방전이 완벽해야 했지만, 리튬이온전지는 메모리 효과가 없어 충전과 방전을 자유롭게 할 수 있다는 장점도 있다. 그리고 전지는 충전 후 시간이 지남에 따라 충전율이 떨어지는 자가 방전이 발생하는데, 기존 납축전지보다 리튬이온전지는 자가 방전율이 낮다. 마지막으로 내구성도 10년 이상으로 길다.

이런 장점들로 인해 리튬이온전지는 현재 전기자동차 구동용으로

---

2 방전이 충분하지 않은 상태에서 다시 충전하면 전지의 실제 용량이 줄어드는 효과이다.

가장 많이 사용된다. 그러나 고가에다 저온에서는 출력이 떨어지고, 고온에서는 열화로 수명이 단축되기 때문에 성능이 떨어지는 것을 막기 위해 열관리를 해줘야 하는 단점이 있다.

반면 자동차에 일반적으로 사용되어 온 납축전지는 저가에다 신뢰성이 높고, 사계절 사용이 가능하며, 열관리가 필요 없다는 장점이 있다. 그러나 에너지밀도와 출력밀도, 효율이 리튬이온전지에 비해 낮다. 그래서 구동용이 아니라 시동과 조명, 점화^{Start, Light, Ignition, SLI} 용도로 주로 사용된다.

● 리튬이온전지의 충전과 방전

이차 전지는 서로 다른 양극와 음극 소재의 전압 차이를 이용하여 전기를 저장하고 발생한다. 방전은 전지가 전지 내부의 전기화학반응을 통해 외부 회로에 전기에너지를 공급하는 것으로 전자가 음극에서 양극으로 이동한다. 따라서 전류는 양극에서 음극으로 흐른다(《그림 8-3》). 반대로 충전은 외부에서 전기에너지를 공급받아 전지 내부의 전기화학반응을 통해 화학에너지로 변환하여 저장한다. 이때 전자가 양극에서 음극으로 이동하고, 따라서 전류는 음극에서 양극으로 흐른다.

리튬이온전지는 리튬이온을 전하 운반체로 이용하는 이차 전지이므로 양극재와 음극재가 분리막과 전해질을 통해 리튬이온을 서로 교환하면서 충전 또는 방전이 이루어진다. 리튬이온전지가 방전할 때는 음극에서는 산화반응이 발생해 리튬이온과 전자가 생성된다. 생

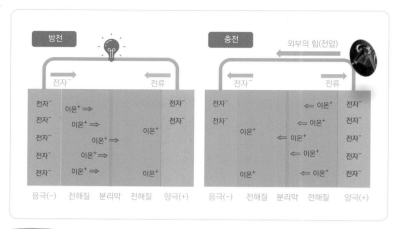

그림 8-3 이차 전지의 방전과 충전

성된 리튬이온은 전해질을 통해 분리막을 통과하여 음극에서 양극으로 이동해 양극 활물질과 결합하고, 전자는 집전체를 통해 전지 외부의 부하를 거쳐 양극으로 이동해 양극 활물질과 결합한다. 따라서 전류가 양극에서 음극으로 흐르면서 외부에 전기에너지를 공급하게 된다.

리튬이온전지가 충전될 때는 방전과 반대로 반응이 일어난다. 즉 외부에서 전기에너지가 공급되면 전자와 리튬이온은 양극에서 음극으로 이동하게 되고, 따라서 전류가 음극에서 양극으로 흐르면서 전지가 충전된다.

리튬이온전지는 작동온도에 따라 성능에 영향을 많이 받는다. 먼저 작동온도가 상온보다 낮을 경우(섭씨 10도 미만), 내부저항이 증가해 방전 출력이 떨어진다. 반면 작동온도가 상온보다 높은 경우(섭씨

50도 이상) 고온으로 인해 열화가 가속되어 배터리의 내구 수명이 줄어든다. 따라서 리튬이온전지는 열관리가 매우 중요하다.

리튬이온전지의 구성 요소와 소재

● 리튬이온전지의 4대 구성 요소

리튬이온전지는 다양한 구성 요소로 이루어지는데, 그중 가장 중요한 4대 구성 요소는 양극과 음극, 그리고 전해질과 분리막이다(《그림 8-4》).

먼저 양극은 리튬이온 공급원으로 배터리의 용량과 평균 전압을 결정하고, 음극은 충전 속도와 수명을 결정하는데, 양극에서 나온 리튬이온을 저장했다가 방출하면서 외부 회로를 통해 전류를 흐르게 하는 역할을 한다. 전해질은 양극과 음극 사이에서 이온이 이동할 수 있도록 하는 매개체이며, 분리막은 양극과 음극이 서로 섞이지 않도록 물리적으로 막아주는 장벽이다. 양극과 음극이 배터리의 기본 성능을 결정한다면, 전해질과 분리막은 배터리의 안전성을 결정짓는 구성 요소이다.

2020년 기준 리튬이온전지 셀^{cell}의 원가 구조를 살펴보면, 재료비 비중이 약 63퍼센트에 이른다(《그림 8-5》). 이 재료비 중 양극재가 52퍼센트로 절반 이상을 차지하며, 음극재가 14퍼센트, 분리막이 16퍼센트, 전해질이 8퍼센트, 기타 재료가 10퍼센트를 차지한다.

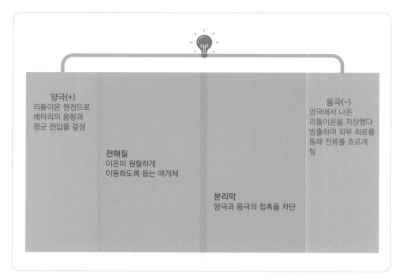

그림 8-4 리튬이온전지의 4대 구성 요소

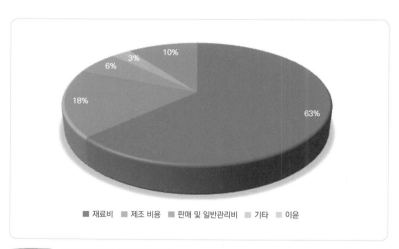

■ 재료비　■ 제조 비용　■ 판매 및 일반관리비　■ 기타　■ 이윤

그림 8-5 리튬이온전지 셀의 원가 구조

이제 리튬이온전지의 주요 구성 요소에 대해 하나씩 살펴보자.

● 리튬이온전지의 양극: 전지의 용량과 전압을 결정

리튬이온전지의 양극과 음극은 다음 〈그림 8-6〉에서 보는 것처럼 양극과 음극의 틀을 잡아주는 집전체current collector에 활물질active material과 도전재conductive additive 그리고 바인더binder가 섞인 합제를 입혀 만든다.

집전체는 전극에서 생성된 전자를 전지 외부로 전달하거나 전지 외부 회로로부터 전자를 받아 전극 내부로 전달하며, 전극 극판의 형상을 구현하는 중요 재료로 금속 포일foil이 사용된다. 가격과 전기전도성, 그리고 안전성을 고려하여 양극 집전체로는 알루미늄Al이, 음극 집전체로는 구리Cu가 사용된다. 활물질은 리튬이온을 포함하는 물질이고, 도전재는 전도성을 높이기 위해서 넣는 첨가제이며, 바인더는 집전체에 활물질과 도전재가 잘 결합하게 하는 접착제이다.

양극과 음극의 전압 차이가 곧 전지의 전압이 되므로 리튬이온전지의 양극재(양극 활물질)는 전압이 높아야 한다. 따라서 양극재는 고전압과 고용량을 추구하게 된다. 현재 양극재로는 이론용량[3]이 높은 리튬전이금속화합물LiMO2이 주로 사용되는데, 이 양극재는 산화·환원 반응을 가능하게 하는 전이금속(M)에 따라 특성이 달라진다. 전이금속으로 고출력을 할 수 있게 해주는 코발트Co를 사용하는 LCOLiCoO2에서 다른 금속을 배합하는 삼원계로 발전했다.

---

3 전극 물질 고유의 최대 전하 저장량을 가리키며, 실험적으로 이보다 높을 수는 없다.

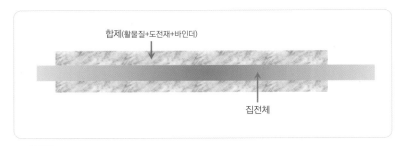

합제(활물질+도전재+바인더)

집전체

그림 8-6 리튬이온전지 양극/음극의 구성

이른바 NCM 삼원계는 니켈[Ni]과 코발트[Co], 망간[Mn]을 배합해 전이금속으로 사용하는데, 배합 비율에 따라 전지의 특성이 달라진다. 먼저 니켈 비율을 높이면 고용량화가 되는데, 현재는 NCM622[4], NCM811처럼 니켈이 60퍼센트 이상인 고니켈(Ni-rich)을 사용해 고용량화하는 추세이다. 반면 코발트 비율을 높이면 고출력을 얻을 수 있고, 망간 비율을 높이면 전지의 가격을 낮추고 전지를 안정화할 수 있다.

CATL, BYD, Guoxuan 등 중국 배터리 업체들이 공급을 주도하는 LFP(LiFePO$_4$ 리튬인산철) 전지는 삼원계와는 매우 특징이 다르다. 가격이 저렴하고 구조가 매우 안정적이며 열적 안전성이 높다는 장점이 있지만, 전자 전도도가 매우 낮고 에너지밀도가 낮다는 단점이 있다.

---

4 NCMxyz에서 xyz는 사용하는 전이금속의 배합 비율을 표현한다. 즉 NCMxyz는 전이금속으로 N이 $x/(x+y+z)$, C가 $y/(x+y+z)$, M이 $z/(x+y+z)$ 비율로 사용되었음을 나타낸다. 예를 들어 NCM622는 전이금속으로 전체 6+2+2=10 중에 N이 6, C가 2, M이 2만큼 사용된 것이다.

배터리 팩 기준으로 LFP의 에너지밀도는 170Wh/kg 수준으로 250Wh/kg 이상인 NCM에 비해 매우 낮지만, LFP의 가격이 106달러/kWh 수준으로 NCM811(135달러/kWh) 대비 20퍼센트 이상 저렴해서 항속거리가 짧은 저가형 차나 배터리 탑재 공간이 넓은 상용차 중심으로 확대할 것으로 예상된다.

● 리튬이온전지의 음극: 충전 속도와 수명을 결정

양극과 음극의 전압 차이가 전지의 전압이 되므로, 전압을 높여야 하는 양극재와 반대로 리튬이온전지의 음극재(음극 활물질)는 전압을 낮춰야 한다. 따라서 음극재는 고전압과 고용량을 추구하는 양극재와 달리 저전압과 고용량을 추구한다.

음극재로 주로 사용되는 물질로는 흑연과 비정질 탄소, 실리콘 등이 있다. 현재 가장 많이 사용되는 음극재는 흑연이다. 흑연은 전자화학 반응성이 낮고, 구조적으로 안정되어 있으며, 가격이 낮기 때문이다. 다음으로 비정질 탄소amorphous carbon는 결정화가 많이 이루어지지 못해 입자의 크기가 작고, 따라서 표면적이 커서 고출력이라는 장점이 있다. 흑연에 비해 출력이 높지만 용량은 작다. 마지막으로 실리콘은 용량이 매우 크다는 장점이 있지만 가격이 비싸고, 충전과 방전을 반복하면 부피가 3배 정도 팽창하는 단점이 있다.

● 리튬이온전지의 전해질: 이온 전도체

전해질은 전기화학반응이 진행되는 동안 이온이 상대 극으로 이동할 수 있도록 매개하는 이온 전도체이다. 전해질을 통해서 이온만 전달되고 전자는 전달되지 않아야 하므로 전자에 대해 부도체여야 한다. 리튬이온전자 전해질은 유기용매에 리튬염을 녹이고 첨가제를 넣어서 만든다.

● 리튬이온전지의 분리막: 양극과 음극의 접촉 차단

분리막은 전지의 양극과 음극을 분리하는 역할, 즉 전지의 양극과 음극이 직접 접촉하는 것을 방지하는 역할을 한다. 분리막은 양극과 음극의 직접 접촉만이 아니라 전자의 통과도 막아야 한다. 그러나 전지가 작동하려면 이온이 양극과 음극을 오가야 하므로 이온을 통과시켜야 한다. 따라서 전해액이 스며든 미세기공으로 리튬이온이 통과할 수 있는 이동경로를 제공하는 다공성 소재가 분리막으로 사용된다.

분리막의 소재로는 리튬이온이 투과할 수 있는 수 나노미터^{nm} 기공의 미세 다공성 고분자막이 사용되며, 폴리프로필렌^{Polypropylene}이나 폴리에틸렌^{Polyethylene} 재질을 한 겹 또는 여러 겹으로 하여 분리막을 만든다. 분리막 원단에 세라믹 층을 코팅한 세라믹 코팅 분리막은 고온에서도 분리막이 수축되지 않고, 열적·기계적 안정성이 높아 현재 가장 폭넓게 사용되고 있다.

분리막의 두께는 전지의 성능에 영향을 미친다. 분리막의 두께가 얇으면 양극과 음극 사이 거리가 줄어들어 배터리 셀의 출력이 높아지고 이에 따라 에너지밀도를 높일 수 있다. 그래서 분리막이 얇을수록 유리하지만, 분리막이 얇으면 기계적 강도와 안정성이 떨어질 수 있으므로 적당한 두께를 유지해야 한다. 분리막의 두께는 보통 20마이크로미터$^{\mu m}$ 내외로 사용한다.

● 전기자동차용 배터리 소재 개발 방향

전지의 에너지밀도를 높이고, 급속 충전 시간을 단축하며, 전지 수명을 늘리면서도 가격을 낮추기 위해 배터리 소재에 대한 기술 개발이 계속되고 있다.

양극재는 에너지밀도를 키우기 위해 니켈 비중을 높이는 추세이다, NCM111에서 NCM622, NCM811를 거쳐 니켈 비중을 90퍼센트 이상으로 높이는 NCM9.5.5로 발전하고 있다. 그러나 니켈 함량이 커질수록 열적 안정성이 떨어지는 것으로 여겨 NCM811에 각종 첨가물질을 더해 열적 안정성을 높이려는 노력을 계속하고 있다. NCM에 알루미늄을 첨가하여 안정성을 강화한 것이 NCMA 양극재이다. 그리고 전지의 수명을 연장하기 위해 다결정 구조에서 단결정 구조로, 원가를 낮추기 위해 코발트를 줄이고 망간을 늘리는 방향으로 진화하고 있다.

현재 음극재로는 흑연이 가장 많이 쓰이는데, 천연흑연은 인조흑연보다 용량이 우수하고, 가격이 싸다. 반면 인조흑연은 천연흑연보다 출력과 수명 측면에서 우수하나 가격이 비싸다. 흑연에 실리콘을 첨가하면 용량을 3배 이상 늘릴 수 있지만 충전과 방전을 반복하면 부피가 팽창하여 수명과 효율이 떨어진다. 게다가 가격이 매우 비싸다는 것도 단점이다. 그러나 에너지밀도를 높이고 고속 충전을 위해 실리콘계 음극재 사용이 확대되고 있다.

리튬이온전지의 종류와 특징

리튬이온전지는 여러 가지 형태로 만들 수 있다. 형태가 달라도 리튬이온전지의 작동원리는 동일하지만, 리튬이온전지의 형태에 따라 내부구조가 달라지고(〈그림 8-7〉 참조), 이에 따라 특성도 다르다.

먼저 각형 캔 안에 양극과 분리막, 음극을 집어넣는 구조인 각형 전지는 파우치형 전지보다 공정이 간단해 제조 단가가 낮고, 대량 생산하기 쉽다. 또한 알루미늄 캔을 용기로 사용해 외부 충격에 강하고 내구성이 우수하며, 기계적 안정성이 뛰어나 배터리 팩을 구성하기 쉽다. 그러나 배터리 소재를 원통형으로 감아 만든 '젤리롤'을 눌러서 캔 안에 집어넣기 때문에 내부 공간이 남아 셀 부피 대비 에너지밀도가 가장 낮다. 그리고 알루미늄 용기는 방열에 유리하지만, 셀 자체의 열전도도가 나빠 전체적으로는 열관리가 어렵다.

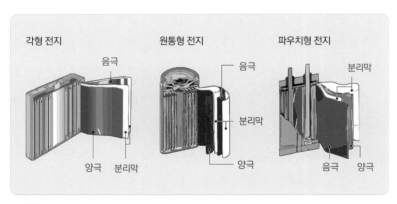

그림 8-7 리튬이온전지의 종류와 구조

다음으로 파우치형 전지는 양극과 분리막, 음극을 서류처럼 차곡차곡 쌓은 후 주머니pouch로 밀봉한 구조이다. 파우치형은 내부 공간을 꽉 채울 수 있어 셀 부피 대비 에너지밀도가 높으며, 무게도 가볍다. 그리고 배터리 소재를 젤리롤 형태로 감는 다른 형태의 셀과 달리, 파우치형 셀은 표면적이 넓고 두께가 얇으며 다른 유형의 셀보다 셀 자체의 열전도도[5]가 좋아서 열관리에 유리하다.

그러나 파우치형은 셀에 강성 지지물이 없어 배터리가 퇴화하면서 부푸는 현상인 '전지 팽창cell swelling'을 관리하는 데 가장 불리하다.[6] 그래서 모듈 단위에서 판 같은 구조물로 고정해서 셀에 면압을 가해줘야 한다는 단점이 있다. 그리고 공정이 복잡해 제조 단가가 높고, 대량 생산하기가 어렵다. 또한 외부 충격에 약하고 기계적 안정성이 낮아 상대적으로 내구성이 취약하고, 모듈 및 팩 개발이 어렵다.

마지막으로 원통형 전지는 원통형 용기 안에 양극과 분리막, 음극을 젤리롤 형태로 감아서 집어넣은 구조이다. 공간 효율과 부피 에너지밀도가 각형보다는 높고 파우치형보다는 낮다. 주로 전자기기에 사용되었지만, 가격이 저렴하고 대량 생산하기 쉽다는 이유로 테슬라가 전기자동차용 배터리로 사용하기 시작했다. 원통형은 크기가 표준화되어 있고, 생산이 쉬우며, 생산 라인이 최적화되어 있어 제조

---

5 각형 배터리와 원통형 배터리에는 액체 형태의 전해질이 들어가지만, 파우치형 배터리에는 젤gel 형태의 전해질이 들어가서 다른 형태의 배터리에 비해 열전도도가 높다.

6 각형은 상대적으로 강성이 약한 넓은 면에서 셀 스웰링이 발생하기 때문에, 직경 방향으로 균일한 용기 형태인 원통형이 셀 스웰링 관리에는 가장 유리하다.

단가가 낮고, 대량 생산에 유리하다. 그리고 외부 충격에 강해 기계적 안정성이 뛰어나며, 배터리 팩 구성이 쉽다. 그러나 셀을 대형으로 만들기 어려워 팩을 구성하려면 많은 셀을 연결해야 하고, 충전과 방전 시 다른 형태에 비해 성능이 떨어질 가능성이 높아 수명이 짧다.

전기자동차에 사용되는 리튬이온전지의 형태는 수요처인 완성차 제조사가 결정하는데, 2020년 기준 전기자동차용 배터리 시장점유율은 각형(49.2퍼센트), 파우치형(27.8퍼센트), 원통형(23퍼센트) 순이다.

전고체전지

리튬금속을 음극재로 사용할 경우, 기존 흑연계에 비해 용량이 10배 이상이다. 그러나 충전과 방전을 계속하면 리튬 수상돌기(樹狀突起, 나뭇가지 모양의 돌기)가 형성되어 전지 내부에서 단락(합선)이 발생하고, 폭발할 우려가 있다. 그래서 기존 리튬이온전지의 액체 전해질과 폴리머 분리막을 고체 전해질로 대신해 안정성을 높이는 전고체전지에 관한 연구가 진행되고 있다(《그림 8-8》, 〈표 8-5〉 참조). 고체 전해질은 기존 리튬이온전지에 비해 안정성이 높고, 화재 위험이 낮으며, 에너지밀도가 높다.

전고체전지는 여러 장점을 지니고 있어 차세대 전지로 기대받고 있지만, 아직 해결해야 할 기술적 과제가 많아 상용화 단계에 이르지 못하고 연구단계에 머물러 있다.

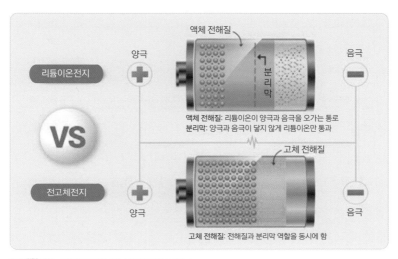

그림 8-8 리튬이온전지와 전고체전지 비교

표 8-5 리튬이온전지와 전고체전지 비교

	리튬이온전지	전고체 리튬이온전지
양극재	고체(리튬, 니켈, 망간, 코발트 등)	왼쪽과 같음
음극재	고체(흑연, 실리콘 등)	고체(리튬금속)
전해질	액체(용매+리튬염+첨가제)	고체(황화물+산화물+폴리머)
분리막	고체 필름	불필요
구조		

* 출처: Sms1208/ http://wiki.hash.kr

전기자동차용 배터리 시스템

● 배터리 팩

지금까지 전기에너지를 충·방전하여 사용할 수 있는 전지의 가장 기본적인 단위인 셀^{cell}에 대해 살펴보았다. 그러나 전기자동차에 장착되는 배터리 시스템의 최종 형태는 셀이 아니라 배터리 팩^{pack}이다. 외부 충격과 열 등으로부터 배터리 셀을 보호하기 위해 여러 개의 배터리 셀을 묶은 조립체를 배터리 모듈이라 하는데, 배터리 팩은 배터리 모듈과 배터리 관리시스템과 열관리시스템 등 각종 제어 및 보호시스템으로 구성된다(《그림 8-9》). 배터리 팩은 배터리 성능 향상과 내구성 확보, 용량 가변성(기본형/장거리형/고성능형), 원가 등을 고려하여 설계된다.

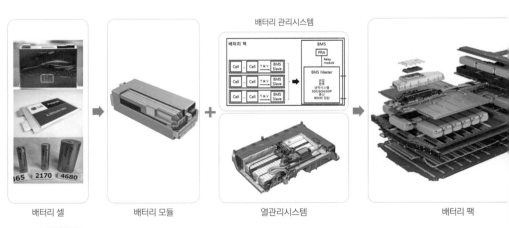

배터리 셀　　　　배터리 모듈　　　　열관리시스템　　　　배터리 팩

그림 8-9 배터리 셀-모듈-팩

● 열관리시스템

리튬이온전지는 저온에서는 성능이 떨어지고 고온에서는 열화 가속으로 수명이 단축되기 때문에 성능과 수명을 유지하려면 적절한 온도(섭씨 20~40도)에서 작동하도록 해야 한다. 그래서 열관리시스템 Thermal management system, TMS이 필요하다.

열관리시스템은 크게 공랭식과 수랭식으로 나눌 수 있다(〈표 8-6〉). 공랭식은 시스템이 간단하고 원가가 싸서 가장 많이 쓰이지만, 배터리 팩의 에너지밀도를 높일 수 없고, 팬 소음, 외기에 의한 오염, 고온에서 냉각 성능이 떨어지는 등의 단점이 있다. 현대차의 아이오닉 일렉트릭이 대표적인 적용 사례이다.

수랭식은 배터리 팩의 에너지밀도를 높일 수 있고, 냉각 효율이 뛰어난 장점이 있으나, 부품이 많고 시스템이 복잡해 원가가 비싸고, 냉각수가 유출될 가능성이 있다. 전기자동차의 성능 경쟁이 치열해

표 8-6 열관리시스템 비교: 공랭식과 수랭식

방식	공랭식	수랭식
장점	간단한 팩 구성, 견고함, 가격이 낮음	배터리 팩의 에너지밀도가 높음, 냉각 효율이 뛰어남
단점	배터리 팩의 에너지밀도가 떨어짐, 팬에 의한 소음, 외기에 의한 오염 가능성, 더운 지역에서 냉각 성능이 떨어짐	많은 부품과 복잡한 시스템, 비싼 가격, 냉각수 유출 가능성
적용 사례	닛산 리프, 현대 아이오닉 일렉트릭	테슬라 모델 S, X, 3, GM 볼트 EV

짐에 따라 수랭식을 적용한 차들이 늘어나고 있는데, 테슬라의 전기 자동차들과 GM 볼트 EV, 현대차의 아이오닉 5 등이 수랭식을 채택하고 있다.

● 배터리 관리시스템

배터리 관리시스템Battery Management System, BMS은 배터리 팩/셀의 상태를 실시간으로 모니터링하고 최적 성능을 발휘하도록 제어하면서 배터리를 보호하는 역할을 하는 것으로, 배터리 시스템의 두뇌에 해당한다(《그림 8-10》).

배터리 관리시스템의 핵심 기능은 셀 간 전압 편차 방지, 과전류 방지, 과충전 및 과방전 방지 등이다.

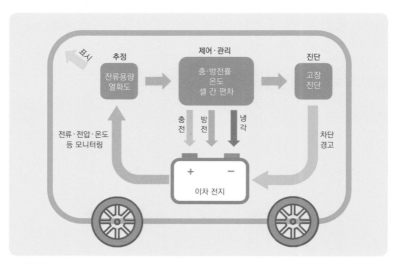

그림 8-10 배터리 관리시스템(BMS)의 구성과 작동 흐름도

1) 셀 간 전압 편차 방지

배터리 셀 사이에 성능 편차가 발생하면 배터리 팩의 성능이 떨어지므로 배터리 관리시스템은 셀 간 전압 편차를 최소화하기 위해 실시간으로 균형을 잡는다. 셀 간 전압 편차가 발생할 때 전압이 높은 셀의 에너지를 소비하여 전압값을 조절하는 수동식과 높은 전압을 보이는 셀의 에너지로 낮은 셀을 충전하여 균형을 맞추는 능동식이 있다. 수동식은 발열이 심하고 효율이 떨어지지만 회로가 단순해 가격이 저렴한 반면, 능동식은 발열이 적고 효율은 높으나 회로 구성이 복잡하여 비싸다.

2) 과충전 방지

일부 셀의 저항이 크거나 용량이 작은 경우 이 불량 셀은 다른 셀보다 먼저 상한 전압에 도달한다. 제어하지 않는 경우, 배터리 팩 전압이 배터리 팩의 상한 전압에 다다를 때까지 충전이 계속되므로 불량 셀은 상한 전압을 초과하여 과충전되고 폭발할 위험이 생긴다. 배터리 관리시스템은 이런 과충전을 방지하는 기능을 한다.

전기자동차용 배터리 발전 방향

전기자동차용 배터리 성능을 높이기 위한 기술 개발은 셀의 성능을 높이는 것과 셀을 조합해 차량에 장착하는 방식을 개선하는 것으로 나눌 수 있다.

● 셀 성능 향상

1) 에너지밀도 향상

리튬이온전지는 내연기관차의 연료에 비해 에너지밀도가 낮아 내연기관차와 동등한 성능을 내는 데 필요한 배터리의 중량과 부피가 아주 크다. 따라서 배터리의 에너지밀도를 높이는 것이 전기자동차의 성능을 개선하기 위해 필요한 핵심 과제이다. 배터리 셀의 양극재에 니켈 함량을 높이고, 실리콘계 음극재를 사용하는 방향으로 발전하고 있다.

2) 고속 충전

항속거리 및 가격과 함께 전기자동차 확산에 큰 장애가 되는 것이 충전 시간이다. 고속 충전을 하려면 전극이 얇아야 해서 실리콘계 음극재 사용이 확대되고 있다.

3) 원가 절감

내연기관차보다 동력계 구성이 단순함에도 전기자동차의 가격이 내연기관차보다 훨씬 비싼 이유는 배터리가 고가이기 때문이다. 그래서 셀 소재 개선, 셀 용량 증대, 제조 기술 개선을 통한 원가 절감 노력이 진행되고 있다. 예를 들어 테슬라는 셀 디자인 개선으로 14퍼센트, 제조공정 개선으로 18퍼센트, 음극재 개선으로 5퍼센트, 양극재 개선으로 12퍼센트 등 셀 원가를 50퍼센트가량 낮추겠다는 목표를 제시한 바 있다. 폭스바겐 역시 셀 디자인 개선으로 15퍼센트, 제조공정 개선으로 10퍼센트, 양극재/음극재 개선으로 20퍼센트 등 셀 원가를 50퍼센트가량 낮추겠다는 계획이다.

● 셀 조합 및 차량 장착 방식 개선

앞에서 살펴본 것처럼 전기자동차용 배터리 시스템은 단계적으로 셀-모듈-팩으로 구성된다. 모듈을 대형화하거나 모듈을 생략하고 셀에서 바로 팩을 구성하는 셀 투 팩cell to pack으로 원가를 절감하고, 무게와 부피를 줄이는 방향으로 발전하고 있다. 셀 투 팩을 적용하면 에너지밀도를 10~15퍼센트 높일 수 있고, 제조공정도 단순화할 수 있을 것으로 기대된다.

셀 투 팩에서 더 나아가 셀을 차량에 직접 장착하는 셀 투 바디cell to body를 구현하려는 시도도 이루어지고 있다. 테슬라는 2020년 배터리 데이에서 배터리 셀 자체가 구조물 역할을 하는 '구조적 배터리structural battery' 개념을 발표했다(〈그림 8-11〉). 배터리 셀 자체의 구조적 강성을 활용해 기존 배터리 팩의 과도한 구조물을 제거하여 중량을 줄이고 팩 단위 에너지밀도도 높일 수 있다는 것이다.

테슬라는 이 개념에 따라 배터리 팩을 센터 플로어와 통합해 센터 플로어를 배터리 팩의 윗면으로 활용, 배터리 팩을 차체에 통합하는 셀 투 바디 개념을 제시했고(〈그림 8-12〉), 이 개념을 기가 텍사스에서 만드는 모델 Y에 적용하기 시작했다(〈그림 8-13〉). 셀 투 바디

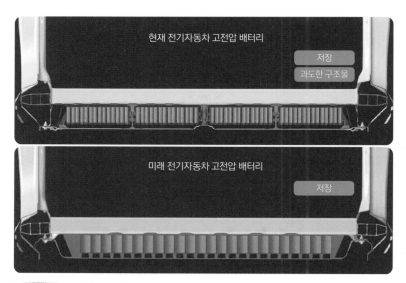

그림 8-11 테슬라 '구조적 배터리' 개념

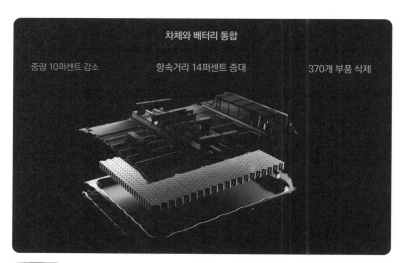

그림 8-12 테슬라 셀 투 바디 개념

그림 8-13 셀 투 바디가 적용된 테슬라 모델 Y

로 중량 감소, 항속거리 향상, 부품 축소 등을 달성할 수 있을 것으로 전망된다.

전기자동차 선도업체인 테슬라는 전기자동차용 배터리 분야에서도 가장 앞서고 있는데, 2020년 배터리 데이에서 항속거리 54퍼센트 향상, 단위 용량당 배터리 비용 56퍼센트 감축, 단위 용량당 투자비 69퍼센트 감축 목표와 이를 달성하기 위한 로드맵을 제시한 바 있다 (《그림 8-14》).

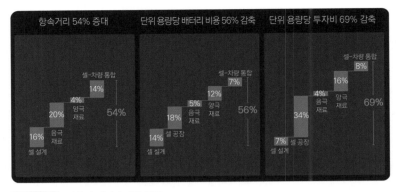

그림 8-14 테슬라 배터리 개발 목표

배터리 가치사슬

이 장에서 마지막으로 살펴볼 것은 배터리 가치사슬이다. 전기자동차용 배터리의 가치사슬은 원자재 채굴 및 가공-이차 전지 소재 가공-이차 전지(셀/모듈/팩) 제조-전기자동차 제조-폐배터리 재순환으로 구성된다(《그림 8-15》). 전기자동차 제조와 폐배터리 재순환에 대

그림 8-15 전기자동차 고전압 배터리 가치사슬

해서는 다음 장에서 다루기로 하고, 여기에서는 원자재 채굴부터 배터리 셀 생산까지 살펴본다.

● 원자재 채굴

리튬이온배터리에 사용되는 주요 광물과 관련해 크게 세 가지 문제가 있다. 첫째, 주요 광물들의 매장과 생산이 일부 국가에 집중되어 있다는 점이다(〈그림 8-16〉). 이로 인해 원자재 확보 경쟁이 치열해 일부 배터리·광물 기업들은 자원 매장국의 광산·채굴권을 직접 매입하기도 한다. 반면 자원 매장국은 자국 자원의 가치를 높이기 위해 노력하고 있는데, 니켈 생산의 31퍼센트(2020년 기준)를 차지하는 인도네시아가 2019년부터 니켈 원광 수출을 전면 중단하고 완제품·반제품 수출로 전환한 것이 대표적인 사례이다.

둘째, 원자재 채굴과 관련된 윤리적 문제이다. 리튬이온배터리의 핵심 소재인 코발트가 가장 많이 매장되어 있고, 코발트를 가장 많이 생산하고 있는 콩고민주공화국에서 자행되고 있는 아동 노동을 포함한 가혹한 노동 착취와 불법 광산 운영은 이미 잘 알려져 있다. 2020년 12월 EU 집행위가 제안한 배터리 규제안은 윤리적 원재료 수급을 위한 기업실사Due Diligence 의무를 부과하고 있으며, 테슬라의 코발트 프리 선언 등 코발트 비중을 줄이기 위한 노력도 진행되고 있다.

셋째, 고전압 배터리 수요 확대에 따른 원자재 가격 상승이다. 이로 인해 고전압 배터리 가격 인하가 기대만큼 이루어지지 않고 있으

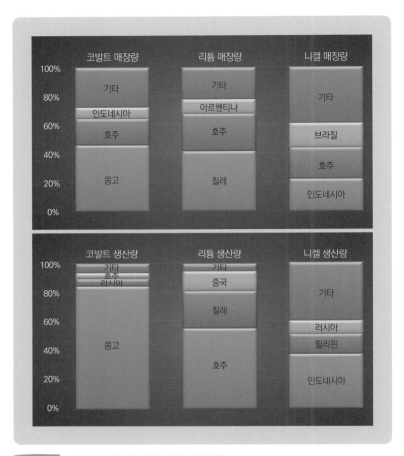

그림 8-16 주요 광물 매장량 및 생산량 국가별 비중(2021년 기준)

며, 전기자동차가 내연기관차와 동등한 가격^price parity을 달성하는 시점도 지연될 것으로 보인다(〈그림 8-17〉).

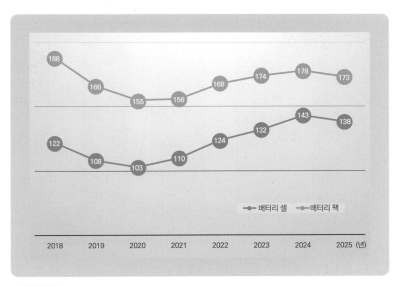

전기자동차 배터리 가격 추이 및 전망(달러/kWh)

● 배터리 소재 가공

양극재 등 전기자동차 배터리 핵심 소재들도 일부 국가가 과점하고 있으며, 특히 중국이 글로벌 공급의 절반 이상을 차지하고 있다(《그림 8-18》). 우리나라(2019년 기준)는 배터리 생산과정에서 양극재의 47.2퍼센트, 음극재의 80.8퍼센트, 분리막의 69.5퍼센트, 전해질의 66.2퍼센트를 해외에서 수입하고 있다.

● 배터리 제조

원자재와 핵심 소재만이 아니라 배터리 제조도 소수 국가의 소수 기업이 과점하고 있다. 2020년 기준 한국·중국·일본이 전기자동차용

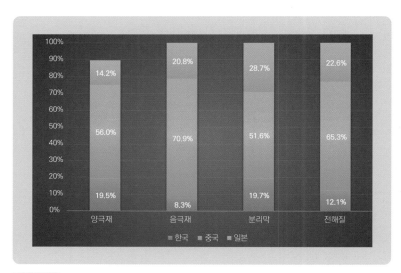

핵심 소재 글로벌 시장점유율(2020년 기준)

이차 전지 시장을 지배하고 있는데, 한국이 40퍼센트로 점유율이 가장 높고, 다음으로 중국이 36퍼센트를, 일본이 24퍼센트를 점유하고 있다(《그림 8-19》).

기업 단위로 보아도 2022년 상반기 기준 CATL(34.8퍼센트), LG에너지솔루션(14.4퍼센트), BYD(11.8퍼센트), 파나소닉(9.6퍼센트) 등 한·중·일의 몇몇 배터리 전문회사가 글로벌 전기자동차 배터리 시장을 과점하고 있다(《그림 8-20》).

지금까지 살펴본 것처럼 전기자동차용 배터리의 원자재, 핵심 소재는 물론 셀 제조까지 일부 권역과 국가들에 편중되어 있으며, 유럽과 미국은 주요 자동차 시장이자 생산지역/국가이지만 전기자동차용

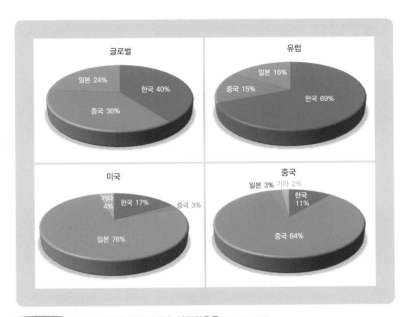

그림 8-19 전기자동차용 배터리 주요 시장점유율(2020년 기준)

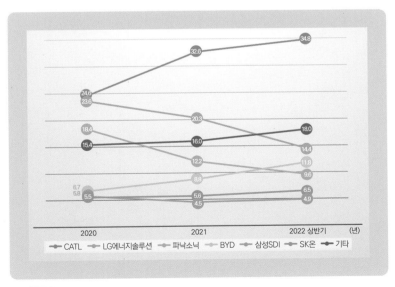

그림 8-20 세계 전기자동차 배터리 점유율

배터리에 대해서는 취약함이 크다. 이는 전기자동차가 확산될수록 큰 약점이 될 수밖에 없고, 이를 극복하기 위해 국가 차원에서, 그리고 유럽연합 차원에서 산업정책을 펴고 있다.

09
전기자동차는 친환경인가?

자동차가 일으키는 환경오염에 대한 우려와 규제는 대기질을 악화시키는 배기가스에 대한 우려와 규제에서 시작되었다. 그러다가 주행과 정차를 포함해 자동차를 이용하면서 발생하는 모든 환경적 영향, 즉 연료통에 저장된 연료를 엔진에서 연소하여 차의 바퀴를 구동하면서 발생하는 모든 환경적 영향, '연료통$^{fuel\ tank}$에서 바퀴^{wheels}까지'를 의미하는 이른바 '탱크 투 휠$^{Tank-to-Wheels,\ TtW}$로 관심이 넓혀졌다. 뒤이어 차량이 소비하는 연료가 생산되어 자동차에 공급되는 과정까지 포괄, '유정$^{oil\ well}$에서 연료통$^{fuel\ tank}$까지'를 의미하는 '웰 투 탱크$^{Well-to-Tank,\ WtT}$'라는 개념이 등장했다. 그리고 이 두 개념을 합쳐서 '유정에서 바퀴까지'를 의미하는 이른바 '웰 투 휠$^{Well-to-Wheels,\ WtW}$이라는 개념이 만들어졌다(〈그림 9-1〉).

웰 투 휠^{WtW}은 배기가스만 주목하던 것에 비하면 대단히 넓은 개념이지만, 연료가 채취되고 사용되어 소멸하는 연료의 수명주기에만 초점을 맞춘 것이고, 연료를 사용하는 장비인 자동차를 생산하고 폐

그림 9-1 웰 투 휠 개념

그림 9-2 자동차의 완전한 수명주기 개념

기하는 과정을 아우르는 차량의 수명주기는 포괄하지 않는다. 그래서 환경에 미치는 영향을 제대로 평가하려면 차량 수명주기와 연료 수명주기로 이루어지는 자동차의 완전한 수명주기(《그림 9-2》)에 대해 평가해야 한다는 공감대가 형성되고 있다. 에너지와 원료의 생산부터 제품 제조 및 사용, 폐기, 재활용까지 제품 생애주기 전체를 평가하는 방식, 이른바 '요람에서 무덤까지' 평가하는 전주기 평가Life Cycle

Assessment, LCA가 표준으로 자리 잡아 가고 있다.

자동차가 환경에 미치는 영향에 대한 평가가 배기가스 측정에서 출발해서 전주기 평가까지 발전하게 된 가장 큰 이유는 기후 위기가 심화하면서 이에 대한 위기의식이 고조되었고, 이에 따라 자동차가 환경에 미치는 영향을 더 포괄적이고 정확하게 평가해야 한다는 주장이 확산되었기 때문이다. 또한 전기자동차가 가장 친환경적인 차로 부상하면서 이에 대한 의문과 우려가 제기되었기 때문이다.

배기가스만 주목하던 때는 배기가스 자체가 없는 전기자동차가 완전한 친환경차로 인식되었지만, 전기자동차 구동에 필요한 전기와 고전압 배터리를 생산하는 과정에서 발생하는 환경오염에 대한 우려가 나타나면서 이를 감안해도 전기자동차가 친환경적인가 하는 의문이 제기되었다. 나아가 전기자동차가 대도시의 대기질만 개선하고 다른 지역의 환경은 더 악화시키는, 환경오염의 공간적 분리-양극화를 가져올 뿐이라는 주장도 나왔다.

이 장에서는 전기자동차와 내연기관차가 환경에 미치는 영향을 전주기 평가로 비교하면서 전기자동차가 과연 친환경적인지 살펴본다. 그리고 전기자동차가 환경에 미치는 악영향의 대부분을 차지하는 고전압 배터리의 재사용과 재활용에 대해 살펴보기로 한다.

전기자동차와 내연기관차가
환경에 미치는 영향 전주기 평가

이산화탄소가 환경에 영향을 미치는 대표적인 온실가스이지만, 온실가스에는 이산화탄소만 있는 것이 아니며, 온실가스 종류별로 환경에 미치는 영향이 같은 것도 아니다. 그래서 온실가스 배출량을 산정할 때는 등가 이산화탄소 Carbon dioxide equivalent, CO2eq라는 개념이 사용된다. 등가 이산화탄소는 온실가스 종류별로 지구온난화 기여도를 수치로 표현한 지구온난화지수에 따라 이산화탄소, 메탄, 아산화질소 등 주요 온실가스 배출량을 이산화탄소 배출량으로 환산한 것이다. 주요 온실가스인 이산화탄소, 메탄, 아산화질소의 지구온난화지수는 각각 1, 25, 298이다. 별도로 언급하지 않는 한, 이 책에서 온실가스 배출량은 등가 이산화탄소 배출량을 의미한다.

앞의 〈그림 6-1〉과 같은 〈그림 9-3〉에서 보듯이 내연기관차와 전기자동차의 가장 큰 차이는 동력계이다. 내연기관에 의해 구동되는 내연기관차에는 연료통, 엔진, 변속기 및 배기 장치가 있는 반면, 전기모터에 의해 구동되는 전기자동차에는 구동 배터리 팩과 전기 구동모터, 그리고 이와 관련한 전기 장치들이 있다. 이러한 동력계와 사용 연료/에너지의 차이로 내연기관차와 전기자동차가 환경에 미치는 영향이 달라진다. 이 영향을 온전하게 파악하기 위해 자동차의 완전한 수명주기를 고려한 전주기 평가가 필요하다.

자동차 수명주기 그림에는 따로 표시하지 않았지만 모든 단계에서

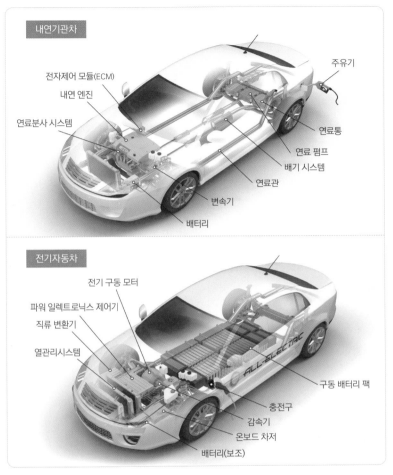

내연기관차

전자제어 모듈(ECM)

내연 엔진

연료분사 시스템

주유기

연료통

연료 펌프

배기 시스템

연료관

변속기

배터리

전기자동차

전기 구동 모터

파워 일렉트로닉스 제어기

직류 변환기

열관리시스템

ALL ELECTRIC

구동 배터리 팩

충전구

감속기

온보드 차저

배터리(보조)

그림 9-3 내연기관차와 전기자동차 비교

에너지가 필요하고, 이 에너지의 생산과 공급 또한 환경에 영향을 미치게 된다. 앞으로 살펴보겠지만, 동일한 제품이라도 어떻게 생산한 전력이 사용되느냐에 따라 환경에 미치는 영향이 달라진다.

이제 자동차의 수명 단계별로 분석해 보자.

자동차 생산단계

생산 관점에서 현재 전기자동차의 차체는 구동계를 제외하면 내연기
관차 차체와 거의 동일하고, 다만 항속거리를 늘리기 위해 동급 내연
기관차에 비해 경량 재료를 더 많이 사용하는 경향이 있다. 반면 대
용량 리튬이온전지는 전기자동차에만 있으며, 차체와는 완전히 이질
적인 재료로 만들어진다. 따라서 리튬이온배터리와, 리튬이온배터리
를 제외한 차체로 나누어 분석하는 것이 합리적이다.

유럽 평균적인 전력 구성에서, 유럽 평균적인 자동차를 기준으로
전기자동차는 차체 생산에서 5.7톤, 대용량 리튬이온배터리 생산에
서 5.3톤의 등가 이산화탄소가 발생해 총 11톤의 등가 이산화탄소가
발생한다. 반면 내연기관차 생산에서 발생하는 등가 이산화탄소 총
량은 6.9톤에 그친다. 자동차 생산단계에서 발생하는 등가 이산화탄

표 9-1 차량 생산 때 발생하는 등가 이산화탄소량 비교

	차체	배터리	합
전기자동차	5.7톤	5.3톤	11톤
내연기관차	6.9톤	0	6.9톤

출처: 김희영(2022)

소는 전기자동차가 내연기관차에 비해 59퍼센트나 많다.

전기자동차 생산에서 발생하는 등가 이산화탄소 총량의 약 절반가량이 리튬이온배터리 생산에서 발생하는데, 이 중 20퍼센트가 셀 제조 단계에서 발생하고, 80퍼센트는 원료 및 소재 생산단계에서 발생한다(《그림 9-4》).

리튬이온배터리 생산이 환경에 미치는 영향은 배터리 용량과 화학 구성에 따라서 달라지지만, 생산과정에서 사용되는 에너지 배합-전력 발생원의 구성비에 따라서도 달라진다. 예를 들어 동일한 배터리라 하더라도 석탄발전 비중이 높은 국가에서 생산된 원료를 사용하면 석탄발전 비중이 낮은 국가에서 생산된 원료를 사용하는 것보다 탄소 배출이 많다. 또한 석탄발전 비중이 높은 국가에서 배터리를 제조하면 석탄발전 비중이 낮은 국가에서 생산하는 것보다 탄소 배출이 많다.

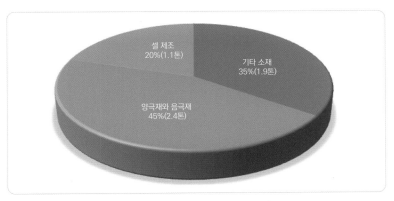

그림 9-4 전기차 배터리 생산 때 발생하는 등가 이산화탄소량

원재료	저탄소 전력 0~171g/kWh	중간 탄소 전력 300~400g/kWh	고탄소 전력 >500g/kWh
59 kgCO₂eq/kWh	61 kgCO₂eq/kWh	80 kgCO₂eq/kWh	106 kgCO₂eq/kWh

그림 9-5 배터리 생산국의 에너지 배합에 따른 이산화탄소 발생량 비교

〈그림 9-5〉는 동일한 지역에서 생산된 동일한 원료를 사용하더라도 배터리 생산국의 에너지 배합에 따라 배터리 생산에서 발생하는 이산화탄소량에 상당한 차이가 있다는 것을 보여준다. 이 자료에 따르면, 스웨덴이나 핀란드에서는 배터리 제조 과정에서 kWh당 2킬로그램의 등가 이산화탄소가 발생하지만, 한국에서는 kWh당 21킬로그램의 등가 이산화탄소가 발생하고, 중국에서는 kWh당 무려 47킬로그램의 등가 이산화탄소가 발생한다.

다음 〈표 9-2〉는 배터리 생산국과 주요 원료 생산국의 에너지 배합을 동시에 고려할 때 배터리 셀 생산에서 발생하는 등가 이산화탄소량의 차이를 보여준다. 중국에서 셀을 생산하면 유럽에서 생산할 때보다 탄소 배출량이 50퍼센트나 많아진다.

앞서 8장에서 살펴본 것처럼 전기자동차에 장착하는 것은 셀이 아

표 9-2 주요국의 이차 전지 탄소 발자국과 주요 원료 조달국					
	유럽	중국	한국	일본	미국
CO_2 kgCO₂ eq/kWh	65	98	87	94	71
평균 Grid-Mix	가스 21%, 석유 22%, 석탄 27%, 수력 10%, 원자력 22%, 기타 —	가스 3%, 석탄 70%, 수력 19%, 원자력 5%, 기타 3%	가스 22%, 석탄 40%, 수력 30%, 원자력 1%, 기타 4%, 3%	가스 13%, 석탄 34%, 석유 28%, 수력 12%, 원자력 5%, 기타 8%	가스 30%, 석탄 33%, 석유 21%, 수력 8%, 원자력 9%, 기타 8%
니켈	러시아, 캐나다	중국	중국	중국	중국, 캐나다, 러시아
알루미늄	EU	중국	한국	일본	미국
코발트	중국, 유럽	중국	중국	중국	중국, 미국

* 출처: 박수항, 「탄소중립, 이차 전지도 피해갈 수 없다」, 『POSRI 이슈리포트』, (2021. 10. 13.)

니라 팩이며, 셀에서 모듈을 거쳐 팩으로 만드는 과정에서도 이산화 탄소가 발생한다. 〈그림 9-6〉은 한국에서 배터리 팩을 생산할 때 발생하는 온실가스를 구성 요소 및 생산단계별로 나타낸 것이다. 셀 생산까지 발생하는 등가 이산화탄소가 가장 많지만, 그 이후 단계에서 발생하는 온실가스도 적지 않다.

〈그림 9-7〉은 배터리 팩을 생산할 때 발생하는 온실가스를 국가별로 나타낸 것이다. 스웨덴과 중국을 비교해 보면 발전원 배합에 따라 두 배까지 차이가 날 수 있다는 것을 알 수 있다.

여러 연구 결과를 종합하여 크기가 유사한 전기자동차와 내연기관차의 온실가스 배출량을 비교하면, 전기자동차 생산에서 발생하

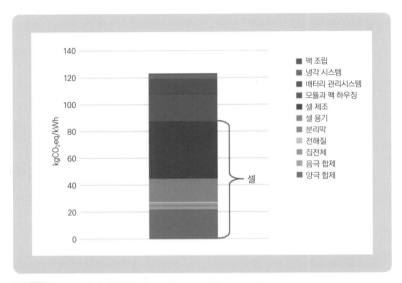

그림 9-6 한국에서 배터리 팩을 생산할 때 발생하는 온실가스

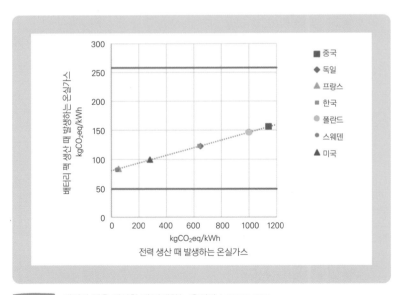

그림 9-7 배터리 팩을 생산할 때 발생하는 온실가스(국가별 비교)

는 온실가스 배출량은 일반적으로 내연기관차 생산에서 발생하는 온실가스 배출량의 1.3배에서 2배 사이로 추정된다. 또한 전기자동차 생산에서 발생하는 질소산화물(NO_x), 이산화황(SO_2), 미세먼지 배출량은 내연기관차 생산보다 약 1.5~2배에 이르는 것으로 알려졌다. 따라서 자동차 생산단계에서 전기자동차가 친환경이라 할 수 없으며, 오히려 내연기관차보다 환경에 미치는 악영향이 훨씬 크다.

자동차 사용 단계

자동차 사용 단계에서 발생하는 환경영향에 대한 평가에는 연료 수명주기가 포함된다. 내연기관차의 경우 에너지 원천이 일반적으로 석유 기반 연료이므로, 유정에서 원유가 채굴되고 석유로 정제된 뒤 내연기관차에 공급되어 차량 엔진에서 연소되는 전 과정이 연료 수명주기가 된다. 전기자동차의 경우, 에너지의 원천이 전기이므로, 발전소에서 전기를 생산하여 송전되고, 배터리 팩에 충전된 다음 자동차의 모터에서 사용되는 전 과정이 연료 수명주기가 된다.

 내연기관차의 경우, 원유 채굴부터 석유 생산, 운송 및 주유에 이르는 과정이, 전기자동차는 발전 연료 생산에서부터 발전, 송전과 충전에 이르는 과정이 웰 투 탱크^{WtT}에 해당하는데, 이 웰 투 탱크 단계에서 발생하는 환경영향은 자동차 자체가 아니라 자동차 외적 요소에 따라 결정된다. 특히 전기자동차의 환경영향은 발전 연료가 어떻게 구성되느냐에 따라 크게 변동한다. 따라서 전기자동차라는 제품만으로 친환경성 여부를 따지는 것은 대단히 불완전하다.

웰 투 탱크 다음 단계인 탱크 투 휠TtW은 사용자가 자동차를 이용하는 단계로, 제품의 성능과 이용자의 사용 패턴에 따라 환경에 미치는 영향이 달라진다. 일반적으로 전기자동차는 이 사용 단계에서 내연기관차보다 에너지 효율이 높다. 전기자동차는 전력망에서 공급되는 전기에너지의 77퍼센트 이상을 추진용으로 변환하는 반면, 내연기관차는 가솔린에 저장된 에너지의 약 12~30퍼센트만을 변환한다.

전기자동차의 효율 이점은 주로 전기모터의 높은 효율에서 발생하며, 일부는 회생제동[1]으로 발생하는데, 운전 스타일과 조건에 따라 달라지지만 회생제동을 통해 사용되는 총에너지의 약 10~20퍼센트를 회수할 수 있다.

6장에서 살펴본 것처럼 전기자동차는 동급 내연기관차보다 14퍼센트에서 29퍼센트 더 무겁다. 전기자동차의 중량 증가는 주로 대용량 고전압 배터리 및 차체 강화에 필요한 2차적인 중량 증가 때문이다. 이 중량 증가로 내연기관차 대비 전기자동차의 전반적인 효율 이점이 감소된다.

전기자동차의 효율을 떨어뜨리는 또 다른 주요 요인은 난방 시스

---

1 회생제동은 제동 중(감속 또는 내리막 주행) 구동 모터를 발전기로 이용하여 차량의 운동 에너지를 전기에너지로 변환하고, 변환된 전기에너지가 배터리나 슈퍼 커패시터 같은 에너지 저장 장치에 저장되는 것을 말한다.

템이다. 내연기관차는 엔진에서 나오는 폐열을 난방에 사용하는 반면, 전기자동차는 배터리에 저장된 에너지를 사용해야 한다. 이는 추운 겨울에 전기자동차의 효율이 떨어지고 항속거리가 단축되는 주요 원인 중 하나이다.

자동차 사용 단계에서 배기가스가 아닌 오염도 발생한다. 브레이크와 클러치 마모, 타이어 및 도로 마모로 미세먼지가 발생하며, 도로의 먼지가 떠다니기도 한다. 이런 비배기가스 오염은 그동안 측정과 통제가 어려워 규제받지 않았다. 그러나 배기가스 배출에 대한 기준이 점점 엄격해지면서 비배기가스 부분이 점점 중요해지고 있다.

〈그림 9-8〉과 〈그림 9-9〉는 도로 교통에서 발생하는 미세먼지를 영국에서 측정한 자료(~2016년 실측 데이터, 2017년 이후 예측값)이다. 배기가스에 의해 발생하는 미세먼지는 급격히 줄어들고 있지만 비배기가스에 의해 발생하는 미세먼지는 오히려 증가하고 있다. 다시 말해 미세먼지 발생에서 배기가스보다 비배기가스의 비중이 더 크다.

배기가스가 없는 전기자동차라도 비배기가스에 의한 오염이 발생한다. 전기자동차와 내연기관차를 비교할 때, 이 비배기가스 오염의 차이가 생기는 요인으로 두 가지 정도를 생각할 수 있다. 먼저, 전기자동차가 동급의 내연기관차보다 무거워 전기자동차에 의한 비배기가스 오염이 동급 내연기관차에 의한 비배기가스 오염보다 크다. 다만 회생제동을 사용하면 브레이크 마모와 타이어 및 도로 마모가 줄어들기 때문에 전기자동차에 의한 비배기가스 오염을 줄일 수 있다. 이 두 가지 요인을 동시에 고려하면 전기자동차에 의한 비배기가스

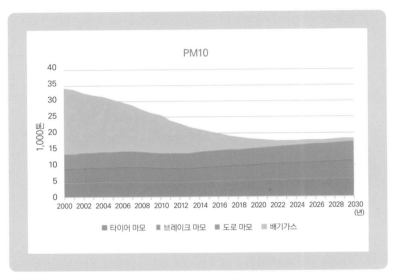

그림 9-8 도로 교통에서 발생하는 미세먼지(PM10) 추이(영국 측정 자료)

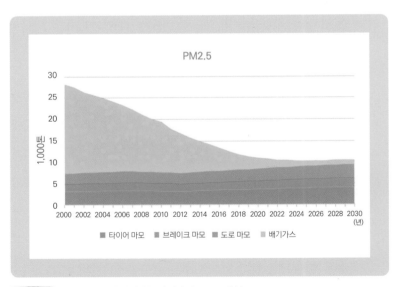

그림 9-9 도로 교통에서 발생하는 미세먼지(PM2.5) 추이(영국 측정 자료)

오염도 동급의 내연기관차에 의한 비배기가스 오염에 버금갈 것으로 추정된다.

최신 연구 결과(Liu et al., 2021)는 이런 추론이 타당함을 보여준다. 주행 환경(도시, 시골, 고속도로)에 따라 변동은 있지만, 회생제동을 사용하지 않으면 전기자동차의 미세먼지 발생량이 가솔린차의 미세먼지 발생량보다 많다. 그리고 그 차이는 차가 클수록 커진다. 즉 소형 전기자동차와 소형 가솔린차의 미세먼지 발생량 차이보다 대형 전기자동차와 대형 가솔린차의 미세먼지 발생량의 차이가 더 크다.

전기자동차의 미세먼지 발생량은 회생제동을 많이 사용할수록 줄어든다. 그래서 회생제동을 많이 사용하면 전기자동차의 미세먼지 발생량이 가솔린차의 미세먼지 발생량보다 적다. 그러나 그 차이는 차가 클수록 줄어든다. 즉 회생제동을 사용할 때 소형 전기자동차와 소형 가솔린차의 미세먼지 발생량 차이보다 대형 전기자동차와 대형 가솔린차의 미세먼지 발생량 차이가 더 작다.

당연한 사실이지만, 내연기관차든, 전기자동차든 차가 클수록 미세먼지 발생량이 증가한다. 그리고 차 크기에 따른 미세먼지 발생량 증가는 전기자동차가 더 가파르다. 친환경이라는 이유로 전기자동차를 선택하면서 대형차를 선호하는 것은 이율배반적이다. 내연기관차를 전기자동차로 바꾸는 것만으로 자동차에 의한 환경오염이 해결되지는 않는다.

자동차 수명 종료 단계

자동차가 환경에 미치는 영향은 차량 부품의 재사용 및 재활용, 폐기에 따라 달라진다. 전기자동차와 내연기관차 모두 수명 종료 단계에서 환경에 미치는 영향이 다른 단계보다 작다. 배터리를 포함하여 부품을 재사용하고 재활용하면 환경에 미치는 영향은 더 작아진다.

　이 단계에서 전기자동차와 내연기관차 사이에 가장 큰 차이는 역시 대용량 리튬이온배터리이다. 내연기관차에 쓰이는 납축전지는 재활용률이 아주 높은 반면, 리튬이온배터리의 재활용률은 대단히 낮다. 미국 환경보호국에 따르면 2014년 미국에서 납축전지 재활용률은 약 99퍼센트로 가장 재활용률이 높은 제품 중 하나였다. 반면 미국에서 리튬이온배터리의 재활용률은 5퍼센트 미만일 것으로 추정하고 있다.

전주기 평가 종합

전체 수명주기를 고려하면, 대체로 전기자동차가 내연기관차보다 온실가스 배출량이 적다. 일반적으로 전기자동차의 원료 획득·가공 및 차량 생산단계와 관련한 온실가스 배출량은 내연기관차의 1.3~2.0배이지만, 일반적으로 이 차이를 상쇄하고도 남을 정도로 사용 단계의 배출량이 적다. 그러나 이는 차량 배터리를 충전하는 데 사용하는 전기의 발전원發電源에 따라 달라진다. 전기자동차라는 제품의 성능만이 아니라 차량 배터리를 충전하는 데 사용하는 발전원도 중요한 것이다.

유럽에서 평균적인 전기자동차가 생애주기 동안 배출하는 등가 이산화탄소량은 내연기관차에 비해 3분의 1 수준에 불과하다(《그림 9-10》). 그러나 이는 발전원에 따라 다른데, 스웨덴 환경에서 전기자동차가 배출하는 이산화탄소량은 내연기관차 배출량의 20퍼센트 정도에 불과하지만, 폴란드 환경에서는 70퍼센트 정도나 된다.

한 연구(Dunn et al., 2015 개정)에 따르면, 미국 전력망 발전 평균 구성mix을 사용하여 미국의 내연기관차 수명주기와 비교했을 때, 수명주기 동안 리튬이온 전기자동차의 배출물은 평균적으로 온실가스 33퍼센트, 휘발성 유기화합물(VOC) 61퍼센트, 일산화탄소(CO) 93퍼

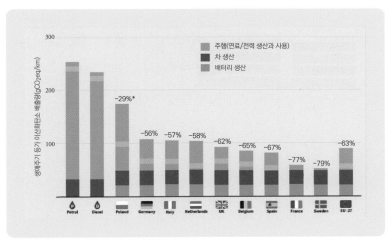

그림 9-10 | 유럽 각국에서 전기자동차와 내연기관차가 전체 수명주기 동안 배출하는 등가 이산화탄소량 비교

센트, 질소산화물(NOx) 28퍼센트, 블랙카본 32퍼센트 더 낮다.

그러나 리튬이온 전기자동차는 수명주기 동안 평균적으로 황산화물(SOx)을 약 273퍼센트 더 많이 배출하고, 미세먼지를 15퍼센트나 더 많이 배출한다. 배터리 생산과 차량 배터리 충전에 사용하는 전기의 발전원 때문이다.

또한 수명주기 동안 리튬이온 전기자동차는 내연기관차와 비교하여 평균 총에너지 자원 소비는 29퍼센트 더 적고, 화석연료 자원 소비는 37퍼센트 더 적다. 그러나 리튬이온 전기자동차는 수명주기 동안 평균적으로 58퍼센트 더 많은 수자원을 소비한다.

결론적으로 수명주기 동안 전기자동차는 내연기관차에 비해 온실가스 배출은 적지만, 모든 점에서 환경에 덜 해로운 것은 아니다. 전력 발전 구성이 전기자동차의 친환경성에 큰 영향을 미치며, 제품 차원에서는 대용량 리튬이온배터리의 영향이 가장 크다. 전기자동차 성능의 핵심도, 전기자동차가 환경에 미치는 악영향의 핵심도 리튬이온배터리이다. 다음으로 수명 종료 단계에서 고전압 대용량 리튬이온배터리의 재사용과 재활용, 폐기에 대해 살펴보자.

리튬이온배터리의 재순환

전기자동차용 배터리로 장착되어 사용되다가 더 이상 쓸 수 없게 된 리튬이온배터리를 어떻게 처리하는가도 중요한 문제이다.

먼저, 전기자동차가 생애주기 동안 발생하는 온실가스 중 절반가량이 배터리 제조에서 발생하므로 배터리를 재사용해 배터리 제조를 줄이면 전기자동차에 의한 환경오염을 줄일 수 있기 때문이다.

다음으로, 배터리 주요 원료와 소재를 재활용하는 것도 탄소 배출 저감에 기여하기 때문이다. 배터리 셀 제조에서 발생하는 온실가스는 셀 제조공정에서는 전체 배출량 중 약 20퍼센트가 발생하고, 나머지 80퍼센트가 양/음극재, 전해질, 분리막 등 주요 원료 및 소재를 생산할 때 발생한다. 주요 소재는 원료 단계에서 이미 기존에 발생한 상당량의 탄소 발자국Carbon Footprint을 포함한다. 예를 들어 양극재의 경우, 니켈/코발트/망간 등 금속 원료의 탄소 발자국 비중이 높으며, 이는 대부분 원료 채굴/정제 과정에서 발생한다. 따라서 주요 원료 및 소재 재활용이 중요하다.

그리고 온실가스 배출 저감뿐만 아니라 원가 절감 차원에서도 리튬이온배터리의 재사용과 재활용이 중요하다. 현재 대용량 고전압 리튬이온배터리 비용이 전기자동차 원가 중 30~40퍼센트가량을 차지하는데, 배터리의 재사용과 재활용은 전기자동차의 가격을 낮춰 전기자동차가 대중화하는 데 기여할 수 있다.

전기자동차에서 사용이 종료되는 리튬이온배터리 규모가 커지고 있고, 위와 같은 이유들로 배터리 재사용과 재활용이 유망 사업으로 떠오르고 있다. 세계적으로 수명을 다한 전기자동차 배터리의 양은 2020년까지 연간 10.2만 톤, 2040년에는 연간 780만 톤에 이를 것으로 예상되며, 시장규모는 이미 2019년에 1조 6,500억 원에 달했고,

2030년에 6조 원, 2040년에 66조 원, 2050년에는 최대 600조 원 규모에 이를 전망이다.

전기자동차용 배터리의 재순환은 크게 재사용과 재활용으로 나누어진다(〈그림 9-11〉). 전기자동차용으로 사용할 수는 없지만 다른 용도로 사용할 수 있는 경우에는 재사용되며, 재사용할 수 없는 경우에는 재활용된다.

배터리 종류별로 다르지만, 배터리 성능이 최초 성능 대비 80퍼센트 이하로 떨어지면 재사용 대상이 된다. 재사용 적합성 평가는 팩 내부의 배터리 모듈별로 이루어지며, 기준을 갖춘 모듈은 재조립되어 사용된다(〈그림 9-12〉). 재사용 용도는 대부분 에너지 저장 시스템energy storage system, ESS이다.

배터리 재사용의 경제성은 잔존 성능에 따른 재사용 배터리 판매 가격과 원가 구조에 따라 달라진다. 폐배터리 구매 가격과 가공 비용(35달러/kWh)을 고려하면, 현재는 배터리의 잔존수명이 최초 성능 대비 70퍼센트 이상이어야 경제성이 있다고 한다.

재사용 배터리 성능이 최초 성능 대비 30퍼센트 수준에 이르면 재활용된다. 전기자동차 배터리 재활용은 배터리 생산에 따른 환경영향을 줄일 뿐 아니라 생산비용을 줄일 수 있다는 점에서 중요하다. 배터리 소재, 특히 니켈 등의 가격 상승이 기술 발전 및 생산 규모 확대에 따른 셀 가격 하락을 상쇄하고 있으며, 이런 배터리 소재의 가격 상승과 공급 부족은 배터리 수요와 생산 확대로 앞으로도 지속될 것으로 전망된다.

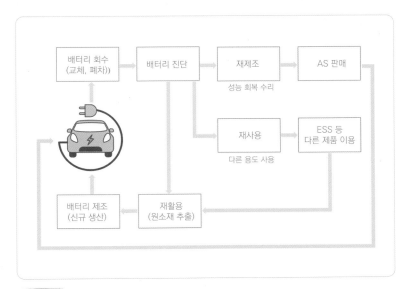

그림 9-11 배터리의 순환

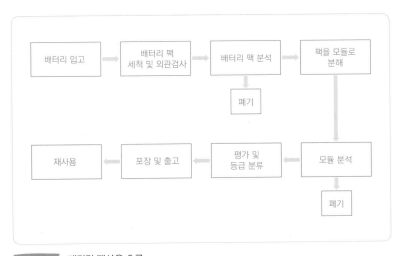

그림 9-12 배터리 재사용 흐름

표 9-3 EU 재활용 원료 최소 투입량 규제

	코발트	리튬	니켈
2030년	12%	4%	4%
2035년	20%	10%	12%

또한 배터리 생산에 의한 탄소 배출을 줄이기 위해 배터리 소재의 재활용을 확대하는 정책도 추진되고 있다. 여기에 유럽연합[EU]이 가장 앞서가는데, EU는 재활용 원료 최소 투입량 규제를 위한 입법을 2023년 발효 목표로 추진하고 있다(《표 9-3》).

이에 따라 배터리 재활용에 대한 산업적 관심이 높아지고 있는데, 폐배터리 기준을 배터리 최초 성능 대비 잔존 성능 70퍼센트로 가정한 폐배터리 시장규모는 2025년 10GW에서 2030년 140GW로 급성장할 전망이다.

✸ 맺는 글

아주 간략한 요약

우리는 왜 직접 경험하지 못한 역사에 흥미를 느낄까? 지금 경험하고 있는 것과는 다른 세상이 있었다는 것, 그러나 그 다른 세상과 지금 사이에 공통점도 많다는 것, 이런 의외성과 익숙함이 교차하기 때문일 것이다. 그리고 지금과는 다른 세상이 가능할 수 있다는 것, 그러나 그 세상은 지금과 공통점도 많을 것이라는 교훈을 얻을 수 있기 때문일 것이다.

이 책의 1부는 우리가 직접 경험하지 못한 역사를 다루었다. 그 속에 지금과는 다른, 그러나 공통점도 많은 자동차와 자동차산업이 있었다. 백 년 넘게 지배자로 군림하고 있는 내연기관차는 증기기관차나 전기자동차에 비해 늦게 등장했고 초기에는 성능도 뒤졌지만, 경쟁에서 승리해 자동차의 주류가 되었다. 사회 환경 변화와 기술 발전, 행위자들의 경합이 상호작용한 결과였다. 제품 혁신과 이에 기반한 생산 혁신이 거듭되어 현재와 같은 자동차와 자동차산업이 이루어졌다. 현재 진행 중인 자동차산업의 패러다임 전환도 이런 방식으로 이루어질 것이다.

이 책의 2부는 다른 세상으로 나아가기 위한 현재의 변화들을 다루었다. ① 사회 환경 변화, 특히 기후 위기 심화와 ② 배터리 기술 발전과 디지털화, 소프트웨어 정의 차량^{SDV}으로의 진화 같은 기술 발전, ③ 각국 정부의 정책과 자동차 회사들의 전동화 경쟁 등 행위자들의 경합이 현재 진행 중인 자동차산업의 패러다임 전환을 이끌어가는 세 바퀴이다. 따라서 이 거대한 전환을 올바르게 이해하기 위해서는 이 세 차원에 대한 이해가 필요하다.

이 책의 2부에서는 특히 전기자동차와 생산시스템, 그리고 고전압 배터리 등 기술 발전에 초점을 두었다. 대부분의 사람이 쉽게 접근하기 어려운 내용이고, 그래서 이 부분에 대한 이해가 가장 부족하기 때문이다. 그리고 이런 이해 부족이 사회적 공론화의 장애가 되기 때문이다.

전기자동차는 과연 친환경인가? 이 단순한 질문에 답하기 위해서도 종합적인 접근이 필요하다. 배기가스가 없다는 이유만으로 친환경이라 할 수 없고, 고전압 배터리가 유해하다는 이유만으로 가짜 친환경이라 할 수도 없다. 그래서 이 책에서는 전주기 평가 관점에서 전기자동차의 친환경성을 내연기관차와 비교, 분석했다.

분석 결과를 요약하면, 수명주기 동안 전기자동차는 내연기관차에 비해 온실가스 배출은 적지만, 모든 점에서 환경에 덜 해로운 것은 아니다. 전력 발전 구성이 전기자동차의 친환경성에 큰 영향을 미치며, 제품 차원에서는 대용량 리튬이온배터리의 영향이 가장 크다. 전기자동차의 친환경성은 잠재적 가능성일 뿐이고, 전기자동차라는 제품에 의해서만 결정되지 않는다. 전력 발전 구성과 충전 인프라, 자동차 사용 패턴 등 많은 요인이 영향을 미친다.

친환경성을 우선할 것이냐, 자동차로서 성능을 우선할 것이냐 하는 전기자동차의 유형마저도 사회적으로 선택된다. 현재는 점점 더 큰 용량의 리튬이온배터리를 달아 항속거리를 연장하는 것이 경쟁의 기본이 되고 있다. 전기자동차로 바꾼다고 자동차에서 발생하는 환경 문제가 당연히 해결되는 것은 아니다.

다시 자동차산업 패러다임 전환에 대한 이야기

이 책을 시작하는 '들어가는 글'에서 나는 자동차산업의 패러다임 성립과 전환에 대해 개괄하고 다음과 같은 표로 요약한 바 있다. 이 책의 본문을 통해 독자들이 자동차산업 전환을 이해하기 위한 기본 관점과 지식을 갖게 되었기를 바란다. 이에 근거해 자동차산업 전환에 대해 좀 더 깊이 바라볼 수 있게 몇 가지 이야기를 덧붙이고자 한다.

표 1 자동차산업의 패러다임 성립과 전환

	자동차산업 초기	산업 패러다임 성립	산업 패러다임 전환
시작	증기자동차(1878~) 전기자동차(1881~) 내연기관차(1886~)	1908~ 모델 T 출시	2012~ 모델 S 출시
가치 제안	부자들의 사치품, 호화 장난감	다목적 대중용 교통수단	이동 서비스
지배 제품	–	내연기관차	전기자동차
생산시스템	장인(수공업) 생산	대량 생산	생산시스템 지능화
경쟁력 원천	제품	제품과 제조 능력	서비스 플랫폼과 운영 능력
주요 연관 산업	마차 제조, 자전거 산업	기계 산업	전자 및 정보통신, 화학·전지, 소재산업

● 자동차에는 어떤 가치가 있을까?

자동차가 지닌 첫 번째 가치는 당연히 이동 편의이다. 지금까지 자동차산업의 핵심은 그 이동 편의를 구현하는 수단을 제공하는 것이었지만, 이제는 더 나아가 만족스러운 이동을 위한 서비스를 제공하는 것으로 발전하고 있다. 이 이동 서비스^{Mobility as a Service, MaaS}는 다양한 형태의 교통 서비스를 사용자의 필요에 따라 접근할 수 있는 단일 이동 서비스로 통합하여 제공하는 것으로, 전통적인 자동차만을 고집하지 않고 다양한 교통수단을 이용하며, 도심 항공 교통^{Urban Air Mobility,} ^{UAM} 같은 새로운 교통수단도 사용하게 될 것이다. 따라서 자동차와

자동차산업만이 아니라 교통시스템과 이에 연관된 산업과 사회 전반의 변화를 가져오게 된다.[1]

이런 맥락에서 보면 자동차는 개인이 굳이 소유할 필요가 없다. 자동차라는 제품을 소유하지 않아도 만족스러운 이동 서비스를 누릴 수 있으므로. 교통시스템의 발달만이 아니라 1인 가구의 증가와 소득 구조 악화, 차량 가격의 상승도 공유 자동차의 확산을 촉진하는 요인이다. 공유 자동차는 개별 소유자나 이용자에게 맞춤할 필요가 없으므로 기본 사양으로 표준화된 차들이 주류를 이룰 것이며, 대량 생산될 것이다.

그러나 이동 편의가 자동차가 지닌 가치의 전부일까? 그렇다면 감각적이고 미적인 요소가 그렇게 중요하지 않을 것이고, '하차감'이라는 말이 생겨나지도 않았을 것이다. 자동차가 지닌 또 다른 가치는 자동차가 개인적으로 소유할 수 있는 교통수단이며, 대부분의 사람에게는 직접 소유할 수 있는 '가장 비싼 장난감'이라는 것과 관련 있다. 그래서 소유욕의 대상이 되며, 소유자가 다양한 의미를 부여할 수 있다.

자동차自動車, Automobile는 스스로 움직이는 것이 아니라 운전자가 조종하는 대로 작동하며, 따라서 운전자에게 인간의 신체적 능력을 뛰어넘는, 확장된 능력을 준다. 대중교통과 달리 자가용은 정해진 노

---

1 이와 관련해 미래 이동 서비스의 모습을 잘 보여주는 자료 중의 하나가 KPMG의 "Mobility 2030: Beyond transportation"(https://youtu.be/4B7mZFU2sB4)이다.

선과 시간에 따라 움직이는 것이 아니라 자신의 필요와 의지에 따라 움직이므로 소유자의 자율성을 보장한다. 그리고 독립된 사적 공간이 된다. 세워두는 시간이 대부분이고, 세워두기만 해도 상당한 비용이 드는, 경제적으로 보면 불합리한 선택임에도 자동차 소유가 사라지지 않고 확대되어 온 이유이다. 이런 맥락에서 보면 개인의 자동차 소유는 사라지지 않을 것이다. 그리고 개인 소유의 자동차는 이동 편의가 아닌 다른 가치가 더욱 중요해질 것이다. 따라서 개인 소유 자동차는 고객에게 맞춤하여 차별화될 것이며, 맞춤 생산될 것이고, 가격이 더 올라갈 것이다.

● 목적 기반 차량의 부상

현재 자동차의 주류인 내연기관차는 역사적으로 두 가지 측면에서 보편적인 자동차로 진화했다. 성능 개량으로 전문가만이 운전할 수 있는 차에서 일반인도 운전할 수 있는 차가 되었고, 특정 용도에만 적합하던 차에서 다용도로 사용할 수 있는 차가 되었다(2장 참조). 현재 승용차는 쇼핑, 출퇴근, 여행 등 다양한 용도에 사용하는 범용 자동차이다. 그래서 특정 용도에만 맞춰서 최적화할 수 없으며, 주요 잠재 구매층의 자동차 이용에 맞춰서 개발된다. 특정 고객을 위한 '고객 기반 차량'인 것이다.

최근 부상하고 있는 '목적 기반 차량Purpose Built Vehicle, PBV'은 특정 고객이 아니라 특정 사용 목적에 초점을 둔 차량으로, 현재 주류인 고객 기반 차량과는 근본적으로 다르다. 특정 목적으로 사용 용도가 제한되기 때문에 특정 용도에만 맞춰서 최적화할 수 있다. 예를 들어 단거리 시내 배송용으로만 사용되는 차량이라면 고속 주행 성능이 필요 없고 항속거리도 길 필요가 없다. 특정 용도에만 맞춰서 최적화하면 되므로 개발 기간도 짧아지고, 제작 과정도 단순해질 수 있다. 수요처가 특정 사용자로 제한되므로 판매 비용도 낮출 수 있다. 전체적으로 차량의 원가를, 따라서 판매 가격을 대폭 낮출 수 있다.

목적 기반 차량은 특정 용도에 맞춰 최적화해야 하므로 다양한 변종을 빠르게 개발하고 생산해야 한다. 따라서 차대와 차체를 별도로 개발하고 생산할 수 있어 제품 다양성 확보에 유리한 분리형 차체 구조가 적합하다. 현재 주류인 고객 기반 차량과는 달리 목적 기반 차량의 지배 디자인은 일체형 차체가 아니라 분리형 차체가 될 것이다.

미래에 등장할 목적 기반 차량을 잘 보여주는 예가 2018년 벤츠가 제시한 비전 어바네틱Vision URBANETIC[2]이다. 이 차량은 필요에 따라 차체를 교체해서 사용할 수 있다. 화물을 수송할 때는 화물 수송용 차체를, 승객을 수송할 때는 승객 수송용 차체를 장착하는 것이다. 이렇게 차체를 용도에 맞게 수시로 교체해서 사용할 수 있는 것은 이 차량의 구조가 분리형 차체이고 완전 자율주행 차량이기 때문이다. 벤츠의 어바네틱만이 아니라 주요 자동차 회사에서 개발하겠다는 미래 목적 기반 차량은 자율주행 차량이다. 특정 목적에만 최적화된

---

2 벤츠의 비전 어바네틱Vision URBANETIC 관련 영상은 https://www.youtube.com/watch?v=e_2BXldHY-o을 참조

목적 기반 차량의 효용을 극대화하려면 쉴 새 없이 운행해야 하고, 운전자와 운전자의 탑승 공간도 제거해야 하기 때문이다.

그렇다면 자율주행이 아니면 목적 기반 차량은 의미가 없을까? 그렇지 않다. 이미 목적 기반 차량이 존재한다. 캠핑카를 생각해 보자. 캠핑카는 쇼핑, 출퇴근, 여행 등 다양한 용도에 적합할까, 아니면 캠핑에만 최적화되어 있을까? 혁신을 이야기할 때 흔히 단절과 새로움을 강조하지만, 대부분의 혁신은 기존에 없던 것이 갑자기 나타나는 것이 아니라 이미 있던 것이 새로운 맥락에서 새롭게 등장하는 것이다. '단절과 새로움'에만 기울면 균형 잡힌 시각을 유지할 수 없다.

아마존은 2022년 7월 21일, 전기자동차 신생기업인 리비안에 주문 제작한 배송 전용 전기 밴을 배송 시스템에 투입해 시카고·볼티모어·댈러스·샌디에이고·시애틀 등 미국 10여 개 도시에서 운행에 나섰고, 2022년 말까지 배송 전용 전기 밴 서비스 도시를 100여 곳으로 확대할 예정이다. 리비안이 납품한 배송 전용 전기자동차인 'EDV700'(대형)과 'EDV500'(소형)은 아마존의 배송서비스를 위해 개발된 모델이다.[3]

실내 공간은 배송 전용으로 최적화했고, 지붕이 높아 실내에서 서서 이동할 수 있다. 운전석 뒤에 있는 문을 통해 화물 적재 공간으로 갈 수 있는데, 이 문은 배송 목적지에 도착해 운전자가 좌석 안전띠

---

3 EDV는 Electric Delivery Van^{전기 배달 밴}의 약자이며, EDV 뒤에 붙은 숫자는 적재량을 나타낸다. EDV700은 660세제곱피트, EDV500은 500세제곱피트를 적재할 수 있다.

를 풀면 자동으로 열린다. 뒷문은 아래위로 열리는 롤업roll-up 방식이라 짐을 싣고 내리기가 편하다. 운전자가 차에서 멀어지면 자동으로 문이 잠기고, 운전자가 차에 접근하면 자동으로 잠금이 해제된다. 차량용 소프트웨어는 아마존 물류 시스템과 연동되어 내비게이션이 자동으로 배송 목적지에 맞는 최적 경로와 고객 정보를 알려준다. 리비안의 배송 전용 전기자동차 EDV는 근본부터 배송 목적에 맞게 만든 차이다. 완전 자율주행이 아니라도 특정 사용 목적에 최적화한 목적 기반 차량이 늘어날 것이다.

● **전기자동차 – 급진적 제품 혁신과 점진적 생산 혁신,**
　　공급망과 생태계의 변화

앞으로 자동차는 개인 소유 자동차와 공유 자동차, 목적 기반 차량으로 분화되겠지만, 이 모든 유형에서 전기자동차가 대세가 될 것이다. 6장에서 자세히 살펴본 것처럼 전기자동차는 '일체형 강철 차체인 내연기관차'라는 자동차 지배 디자인에서 이탈한 급진적 혁신이다. 현재 자동차 생산시스템의 지배적인 유형은 모듈화에 기반한 대량 맞춤 생산이므로 모듈화할 수 있는 혁신은 기존 생산시스템에 근본적인 변화를 가져오지 않지만, 모듈화할 수 없는 혁신은 기존 생산시스템에 근본적인 변화를 일으키는 계기가 된다(7장 참조).

　모든 전기자동차에 공통인, 내연기관에서 전기모터로 동력원의 변화는 완성사 생산시스템의 기본 구조를 변화시키지는 않지만, 완성차 생산에 필요한 노동력을 줄인다. 전기자동차는 내연기관차에 비해 경량화가 더 중요하고, 친환경차라는 정체성을 강조할 수밖에 없으므로 다양한 경량 소재와 친환경 재료의 사용이 늘겠지만, 지배적인 차체 주재료는 여전히 강철일 것이다. 원가와 제조면에서, 더 나아가 탄소 배출량 측면에서도 강철이 우위에 있기 때문이다. 다만 일부 고급차와 고성능차의 차체에는 비금속 재료나 비철 금속 재료 사용이 확대될 것이다. 전기자동차의 차체 아키텍처는 스케이트보드형으로 수렴하고 있지만, 목적 기반 차량[PBV] 같은 예외를 제외하면 일체형 차체를 유지할 것이다.

아주 간략하게 말하면, 전기자동차는 내연기관차에 비해 모듈성이 높아지고, 부품 수가 대폭 줄어들어 생산시스템을 지능화하기에 유리하지만, 제품 차원에서 급진적 혁신이 이루어지고 있는 것과 달리 생산 차원에서는 점진적 혁신이 이루어지고 있다. 현대자동차의 사례는 이를 잘 보여준다.

현대자동차는 기반이 된 내연기관차의 플랫폼을 거의 수정하지 않았고, 고전압 배터리를 내연기관차의 연료통 모양으로 만들어서 장착했던 아이오닉 일렉트릭[AE]을 내연기관차인 아반테와 혼류 생산했다. 2세대 전기자동차라 할 수 있는 코나 일렉트릭은 내연기관차 플랫폼을 변형해서 사용했으며, 대용량 고전압 배터리를 차 바닥 아래에 장착했는데, 현대자동차는 이 코나 일렉트릭을 내연기관차와 혼류 생산하면서 최종 조립라인 끝부분에 전기자동차 전용 공정 구간을 추가했다. 3세대 전기자동차인 아이오닉 5에는 전기자동차 전용 플랫폼인 E-GMP[Electric Global Modular Platform]를 사용했으며, 프레스 공장과 차체 공장, 도장 공장은 내연기관차와 공용하면서 최종 조립라인만 전기자동차 전용 조립라인으로 개조했다. 기존 자원을 활용하고 변화와 이를 위한 투자를 최소화하기 위해, 급진적 제품 혁신이 일으키는 기술적 변화에 독창적으로 적절하게 대응한 것이다.

완성사 기업 수준 생산시스템과 달리 공급망과 산업 생태계 차원에서는 급진적인 변화가 일어나고 있다. 가장 큰 변화의 동인은 역시 내연기관 비중의 축소와 전동화 확대이다. 따라서 내연기관 관련 부품사들과 전동화 관련 부품사들의 희비가 극명하게 엇갈릴 것이라는 점은 명확하다. 또한 고전압 배터리의 중요성이 부각되면서 완성사들은 고전압 배터리를 안정적으로 확보하기 위해 배터리 회사와 제휴하거나 합작회사를 만들고, 더 나아가 주요 배터리 원료를 직접 확보하기 위해 노력하기도 한다. 자동차산업의 급격한 변화를 단적으로 보여주는 모습들이다.

● 자동차의 진화와 원·하청 관계

2012년 출시된 테슬라의 모델 S는 자동차 역사의 새로운 장을 열었다. 테슬라의 모델 S는 최초의 전기자동차는 아니지만, 소프트웨어 정의 자동차SDV의 원조이다. 테슬라는 자동차를 스마트 기기로 재정의하고 디지털 기술을 대거 접목했다. 자동차를 '바퀴 달린 컴퓨터'로 정의해 디지털 기술을 적용하는 플랫폼으로 활용했으며, 모든 소프트웨어를 합리적인 단일 시스템으로 통합했다. 스마트폰처럼 펌웨어 업데이트 기술과 무선Over-The-Air, OTA 업데이트 기술을 적용했고, 더 나아가 딥러닝/인공지능 기술까지 적용했다. 이로써 테슬라의 차들은 소프트웨어 업데이트만으로 차량의 성능과 사양을 개선할 수 있게 되었다. 테슬라가 독보적인 경쟁 우위를 점하고 있는 배터리와 모터 성능 최적화도 소프트웨어 능력이 뒷받침되었기에 가능했다. 동력원만이 아니라 자동차라는 제품의 개념 자체를 혁신한 것이다.

자동차에서 소프트웨어의 중요성이 점점 더 커지고 원가 비중도 더 높아지겠지만, 그렇다고 해서 하드웨어가 덜 중요해지는 것은 아니다. 이미 대세가 된 스마트폰의 하드웨어도 점점 더 빠른 프로세서 Application Processor, AP와 더 좋은 카메라, 더 큰 용량의 메모리와 배터리를 장착하고 있지 않은가? 소프트웨어가 제대로 구동하려면 이를 뒷받침할 하드웨어가 필요하기 때문이다.

소프트웨어 정의 자동차도 소프트웨어가 중요해질수록 이를 뒷받침할 하드웨어도 중요해질 수밖에 없다. 게다가 소프트웨어 정의 자동차도 자동차인 이상 동력기관과 주행 및 조향 장치, 그리고 승객 탑승 또는 화물 적재를 위한 공간과 장치가 물리적으로 있어야 한다. 테슬라의 일론 머스크가 가장 고전했던 부분도 소프트웨어 개발이 아니라 하드웨어 생산의 어려움, '생산 지옥Production Hell'이었다.

소프트웨어 정의 자동차를 이야기하면서 소프트웨어가 아니라 하드웨어를 강조하는 이유는 일부의 낭만적인 견해를 경계하기 위해서이다. 자동차산업의 제품이 바뀌고 패러다임이 전환함에 따라 소프트웨어가 중요해지니 하드웨어는 더 이상 중요하지 않다거나, 자동차의 부가가치 대부분이 부품사에서 만들어지고 완성사는 이를 조립할 뿐이라거나, 완성사와 부품사 사이에 위계가 약화되어 산업의 구조가 민주화될 것이라는 견해 등등은 환상일 뿐이다.

전기자동차로, 소프트웨어 정의 자동차로 변해가면서 자동차의 모듈성이 높아지는 것은 사실이지만, 모듈화의 전제는 모듈이 제대로 작동할 수 있게 하는 아키텍처의 존재이다(6장 참조). 이 아키텍처를 설계하는 건축가는 부품사가 아니라 완성사이다. 그리고 자동차가 제한된 공간과 중량, 원가의 제약 속에 놓여 있는 한 통합성의 중요성은 사라지지 않는다. 산업의 구조는 제품의 구조를 반영하기 마련이고, 그래서 제품의 지배 디자인이 중요하다.

물론 제품의 구조 외에 여러 요인이 산업의 구조에 영향을 미친다. 대표적인 요인이 행위자 사이의 권력관계인데, 권력관계는 구조와 상호 영향을 미친다. 제품의 변화와 산업 패러다임의 전환으로 완성사와 배터리 회사, 거대 기술 기업, 거대 부품사와의 관계는 수평화될 가능성이 있지만(사실 이들 사이의 관계는 지금도 그다지 위계적이지 않다), 현재 대부분의 부품사는 부품, 즉 하드웨어를 만드는 회사이고, 완성사와 이들의 관계는 수평화되기 어렵다. 제품의 구조 측면에서든, 권력관계 측면에서든.

산업 전환 과정에서 생존하기 위해 완성사는 막대한 전환 비용이 필요하고, 그래서 수익성 경영에 집중하고 있다. 최근 완성사들의 놀라운 수익은 이의 결과이기도 하다. 완성사가 수익을 확보하는 기본 방법 중 하나가 부품사를 압박하는 것이다. 주요 제품이 무엇인가에 따라 처지는 다르지만, 부품사 입장에서는 산업 전환이라는 죽음의

계곡을 지나기 위해 기존 제품을 대체할 새로운 제품을 개발하거나, 기존 제품으로 기존 거래를 유지하거나 새로운 거래를 확보하여 생존해야 한다. 그리고 전환에 필요한 비용과 역량을 확보해야 한다. 그래서 오히려 위계가 강화될 수도 있다.

자동차노사정포럼에서 2020년 실시한 자동차 부품산업 실태조사에 따르면, 미래차 분야 참여 부품사의 64.7퍼센트가 완성사 또는 주요 납품처로부터 자문을 받았으며, 71.3퍼센트는 납품처가 결정되었거나 납품 논의 단계에서 미래차 분야 참여를 결정했다. 또한 미래차 분야의 주요 기술 확보 방법으로 자체 개발(46.5퍼센트) 다음으로 완성사와의 공동 수행(39.5퍼센트)이 중요했다. 이처럼 산업 전환 과정에서도 부품사는 완성사에 상당히 의존할 수밖에 없는 상황이다.

사회적으로 바람직한 전환

근본적으로 보면 산업 패러다임 전환은 사회적 현상이다. 기후 위기뿐만 아니라 거대 도시로 인구가 집중되고, 공유경제가 확산되는 등 사회 변화가 거시적인 배경이 되고 있고, 기후 위기 대응과 산업정책을 결합하고 있는 주요국 정부가 전환을 촉진하고 있다. 현대적인 자동차산업의 성립이 사회에 미친 영향이 막대했듯이 자동차산업의 전환이 사회에 미칠 영향 또한 막대할 것이다.

사회적으로 바람직한 전환은 어떤 것인가? 어떤 에너지시스템, 어떤 전기자동차, 어떤 교통시스템이어야 하는가? 사회적 공론화를 거쳐 바람직한 전동화와 산업 패러다임 전환이 되도록 해야 한다. 전동화와 산업 패러다임 전환에 대한 정확한 이해는 사회적 공론화의 기초이고, 그것이 이 책을 집필한 이유이다.

사회적으로 바람직한 전환이란 무엇일까? 한마디로 개별의 이익보다 사회적 가치를 우선하는 전환이라고 할 수 있다.

이 책이 주로 다룬 전동화와 자동차산업의 패러다임 전환과 관련해서 첫 번째 원칙은 실효성 있는 기후 위기 대응이어야 한다는 것이다. 기후 위기는 임박한 위기이고 인류 사회의 운명이 달린 문제이다. 따라서 이 거대한 위기에 대응하기 위한 절박한 사회적 노력이 필요하다. 이에 사회의 운영원리를 재형성해야 하는데, 그 핵심에 '생산과 소비의 축소'가 있다. 현대적 자동차산업의 성립이 결정적으로 기여한 '대량 생산, 대량 소비'가 물질적 풍요를 가져온 것은 사실이지만, 기후 위기를 가져온 근본 원인이기도 하다. 적정한 수준으로 생산과 소비를 축소해야 한다. 이와 함께 에너지시스템과 교통시스템도 바뀌어야 한다. 화석에너지에 대한 의존을 줄이고, 친환경적이며 편리한 대중교통시스템으로 발전해야 한다. 자동차는 생애주기 동안 환경 부담이 작은 차가 주류가 되어야 한다.

다음으로, 사회적으로 바람직한 전환은 '공정한 전환Just Transition'이어야 한다. 공정한 전환의 핵심은 전환 비용도 공정하게 부담하고, 전환에 따른 수혜도 공정하게 누리는 것이다. 내연기관차 관련 기업과 노동자, 이해관계자들이 기득권 유지를 위해 전동화를 반대하는 것도 옳지 않고, 이들의 일방적인 희생을 요구하는 것도 옳지 않다. 사회적 필요에 따른 전환이라면, 이 전환에 따른 희생에 대해서도 사회적으로 대책이 강구되어야 한다.

가장 중요한 사회적 대책은 좋은 일자리 만들기와 사회복지 강화이다. 내연기관차 중심으로 구성된 기존 생산 부문에서는 생산이 축소될 것이며, 생산에 필요한 노동시간과 일자리가 줄어들 것이다. 따라서 일자리 감소와 노동 소득 감소에 대한 대책이 필요하다. 그리고 기존 일자리의 감소에 비해 주목받고 있지 못하지만, 전동화가 만들어낼 신규 일자리들이 있다. 주로 발전과 송전, 충전에 관련된 일자리들이다. 새로 생겨나는 일자리들을 기존 일자리 못지않게 좋은 일자리로 만들어야 한다. 그리고 일자리 감소와 노동 소득 감소를 보완하기 위해 노동 외 소득─사회복지 또한 강화해야 한다. 새로운 일자리를 만드는 것만으로는 기존 일자리 감소와 노동 소득 감소를 모두 만회할 수는 없다.

주도자로서의 정부

이제 주요 사회적 행위자들의 역할에 대해 이야기해 보자. 먼저 강제력이 있는 규칙을 만들 권한을 가진 행위자rule-maker인 정부의 역할이 가장 중요하다. 사회적으로 바람직한 전환을 주도할 책임이 정부에 있다는 뜻이다.

우선 기후 위기에 대응하기 위해 에너지시스템과 교통시스템을 친환경적으로 재구축해야 하고, 대중교통시스템을 편리하게 발전시켜 개인 교통량을 줄여야 한다.

다음으로, 교통 정책은 전주기 평가에 근거해야 한다. 선택의 근거로 동력원이 내연기관이 아니라는 것만으로는 충분하지 않으며, 생애주기 동안 발생되는 환경 부담을 평가하고, 이에 근거해 환경 부담이 작은 쪽을 지원해야 한다.

소비자들의 선택과 행동에 큰 영향을 미치는 자동차세는 전주기 평가에 근거해 부과해야 한다. 차를 살 때 내는 취득세에는 차량 제조와 폐기에서 발생하는 환경영향을 반영하고, 매년 내는 자동차세에는 주행거리와 주행거리당 탄소 배출량을 반영한 주행세를 포함해야 한다. 전기자동차 구매 보조금도 생애주기 동안 발생하는 환경 부담이 작은 차에 더 큰 금액을 지원해야 한다.

사회적으로 필요한 전동화를 지원하기 위해 소비자들에게 전기자동차 구매 보조금을 지급하는 것보다 충전 인프라 구축에 더 중점을 두어야 한다. 충전 인프라를 충분히 구축해 지금처럼 항속거리 연장을 위한 고전압 배터리 용량 확대 경쟁이 벌어지지 않게 해야 한다. 전기자동차에 장착되는 고전압 배터리 용량을 적정 수준으로 제한하면 고전압 배터리 생산이 환경에 미치는 악영향을 줄일 수 있어 환경적으로 이로울 뿐 아니라, 전기자동차 가격도 내려가게 되어 소비자들의 부담도 줄어든다.

또한 일부 기업에 편향되어서는 안 되며, 사회적 가치를 중심으로 공론화하고 합의를 형성하기 위해 노력해야 한다. 정책 결정과 실행 과정에 주요 이해관계자들의 참여를 보장하고, 협력을 촉진하는 협치協治가 필요한데, 이를 조직하고 운영하는 것도 정부의 역할이다.

책임 있는 주체로서의 기업

사회에 기업이 필요한 근본 이유는 무엇인가? 이윤 추구? 그것은 기업에 편향된 사람들의 주장일 뿐이다. 기업의 존재 이유는 사회에 필요한 재화와 서비스를 제공하기 위해서이다. 이윤은 기업의 기본 생존 조건일 뿐 존재 이유는 아니다. 인간이 생명을 유지하려면 밥을 먹어야 하지만, 밥 먹는 것이 삶의 이유가 아닌 것처럼. 따라서 기업 또한 사회적 가치를 존중해야 하며, 사회적 가치에 반하는 기업 활동을 허용해서는 안 된다.

더구나 현재 진행 중인 자동차산업 패러다임 전환 과정에 국가의 지원이 상당하다. 연구개발 지원은 물론 전기자동차 구매 보조금 및 각종 혜택 등 판매 지원과 충전 인프라 구축 등이다. 이러한 사회적 지원 없이 기업들의 역량만으로 산업 전환에 성공적으로 대응할 수 없다. 따라서 더더욱 기업들이 전환 과정에서 사회적 가치를 외면해서는 안 되며, 그 성과를 독식하려 해서도 안 된다.

사회적으로 바람직한 산업 전환을 위한 협치에 능동적으로 참여하는 것을 포함해 산업 전환 과정에서 기업은 책임 있는 주체로서의 역할을 해야 한다. '녹색 칠하기green washing'에 그쳐서는 안 되며, 전주기 평가 관점에서 제품의 친환경성을 높여야 한다. 이른바 ESG[4]에 진심이어야 한다.

노동자들을 고르게 대변해야 할 노동조합

노동조합이 일자리와 노동자의 권리를 중요하게 여기는 것은 당연하지만, 사회적 가치에 반하는 '기득권 수호'는 정당하지 않다. 사회 전환으로 진행되는 자동차산업의 패러다임 전환이 바람직한 전환이 되게 복무해야 하고, 정책 결정과 실행 과정에 참여할 권리만 주장할 것이 아니라 책임 있는 주체로 의무를 다하겠다는 자세를 보여야 한다.

먼저, 노동조합이 산업 차원의 주요 행위자라는 자각을 가져야 한다. 반대에만 머물 것이 아니라 노동조합 스스로 산업의 비전을 제시하고, 실현 방안을 만들어가야 한다.

노동조합이 가져야 할 가장 중요한 자세는 일부 기업, 일부 직군, 일부 노동자에 편향되지 않고 모든 노동자를 대변하겠다는 태도이다. 소속 조합원들의 일자리와 소득만이 아니라 다수 노동자의 일자

---

4 Environmental환경, Social사회, Governance지배구조의 머리글자를 딴 단어로 기업 활동에 친환경, 사회적 책임 경영, 지배구조 개선 등 투명 경영을 고려해야 지속 가능한 발전을 할 수 있다는 철학을 담고 있다.

리와 소득, 사라질 일자리만이 아니라 새로 생겨나는 일자리까지 고민해 균형 잡힌 모습을 보여줘야 한다. 사회적 가치를 중심에 두고 참여해야 한다.

그리고 노동조합의 정책 결정과 실행은 지도부만의 권한 행사가 아니라 조직 내 소통과 의견 수렴에 근거해야 한다. 정부와 기업의 일방주의를 비판하면서 자신들의 일방주의에 눈 감아서는 안 된다. 특히 지금의 전환은 대중의 삶에 중요하며, 장기적 대응이 필요하기에 더욱 그러하다.

사회적으로 바람직한 전환은
보통 사람들에게 더 절실하다

이 전환은 사회와 사회 구성원들에게 지대한 영향을 미칠 것이기에, 일반 시민 또한 이 전환에 관심을 갖고 참여할 필요가 있다. 설사 자동차산업에 종사하지 않더라도. '법 없이 살 수 있는 사람'은 착한 사람이 아니라 강한 사람이다. 사회적으로 바람직한 전환은 사회적 약자에게 더 절실하다.

이 책이 전동화와 자동차산업의 패러다임 전환이 사회적으로 바람직한 전환이 되도록 하는 데 기여하기를 소망한다.

◆ 참고한 도서와 자료(게재 순서는 도서와 논문, 신문, 웹사이트)

들어가는 글

뫼저(K. Möser) 지음, 김태희·추금환 옮김. 2002. 『자동차의 역사』. 뿌리와이파리.

박근태. 2019. 「전동화와 자동차산업정책」, 『미래형 자동차 발전동향과 노조의 대응』. 전
국금속노조·전국금속노조 현대차지부·전국금속노조 기아차지부.

박근태. 2021. 「급진적 제품 혁신이 생산시스템에 미치는 영향 – 전기자동차 사례」. 한양
대학교 대학원 경영학과 박사학위 논문.

Geels. F. W. 2005. "The dynamics of transitions in socio-technical systems: a multi-
level analysis of the transition pathway from horse-drawn carriages to automobiles
(1860–1930)." *Technology analysis & strategic management.* 17(4). 445–476.

Geels. F. W. 2006. "Major system change through stepwise reconfiguration: a multi-level
analysis of the transformation of American factory production (1850–1930)."
Technology in Society. 28(4): 445–476.

Hounshell. D. 1984. *From the American system to mass production, 1800–1932: The
development of manufacturing technology in the United States*: JHU Press.

01 최초의 자동차는?

뫼저(K. Möser) 지음, 김태희·추금환 옮김. 2002. 『자동차의 역사』. 뿌리와이파리.

Anderson. C. D., & J. Anderson. 2010. *Electric and Hybrid Cars-A History.* 2nd ed.
McFarland & Company, Inc. Publishers

Barber. H. L. 1917. *Story of the automobile, its history and development from 1760 to 1917.* A. J.
MUNSON & CO.

Burton. N. 2013. *A History of Electric Cars.* Crowood.

Chan. C. C. 2013. "The Rise & Fall of Electric Vehicles in 1828-1930: Lessons Learned."

Proc. IEEE, 101, 206–212.

Ehsani, M., Y. Gao, S. Longo, & K. Ebrahimi. 2010. *Modern Electric, Hybrid Electric, and Fuel Cell Vehicles.* CRC Press.

Geels, F. W. 2005. "The dynamics of transitions in socio-technical systems: a multi-level analysis of the transition pathway from horse-drawn carriages to automobiles (1860–1930)." *Technology analysis & strategic management.* 17(4). 445–476.

Genta, G., L. Morello, F. Cavallino, & L. Filtri. 2014. *The motor car: past, present and future.* Springer Science & Business Media.

Husain, I. 2010. *Electric and Hybrid Vehicles: Design Fundamentals:* CRC Press.

Westbrook, M. H. 2001. *The Electric Car: Development and future of battery, hybrid and fuel-cell cars:* IET.

https://www.motoya.co.kr

https://namu.wiki

https://www.daimler.com/company/tradition/company-history/1885-1886.html

https://www.mercedes-benz.com/en/classic/history/benz-patent-motor-car/.

https://www.thoughtco.com/who-invented-the-car-4059932

https://en.Wikipedia.org/wiki

https://www.mercedes-benz.com/en/classic/museum

https://mercedes-benz-publicarchive.com/marsClassic

https://en.wikipedia.org/wiki/History_of_the_automobile

https://en.wikipedia.org/wiki/History_of_steam_road_vehicles

https://www.rug.nl/museum/collections/collection-stories

02 막내는 어떻게 제왕이 되었나? – 내연기관차의 승리

뫼저(K. Möser) 지음, 김태희·추금환 옮김. 2002. 『자동차의 역사』. 뿌리와이파리.

우터백(J. Utterback) 지음, 김인수·김영배·서의호 옮김. 1994. 『기술변화와 혁신전략』. 경문사.

Abernathy, W. J., & J. M. Utterback. 1978. "Patterns of industrial innovation." *Technology review.* 80(7). 40-47.

Anderson, C. D., & J. Anderson. 2010. *Electric and Hybrid Cars-A History.* 2nd ed. McFarland & Company, Inc. Publishers.

Chan, C. C. 2013. "The Rise & Fall of Electric Vehicles in 1828-1930: Lessons Learned." *Proc. IEEE*, 101, 206-212.

Ehsani, M., Y. Gao, S. Longo, & K. Ebrahimi. 2010. *Modern Electric, Hybrid Electric, and Fuel Cell Vehicles*. CRC Press.

Geels, F. W. 2005. "The dynamics of transitions in socio-technical systems: a multi-level analysis of the transition pathway from horse-drawn carriages to automobiles (1860 -1930)." *Technology analysis & strategic management*. 17(4). 445-476.

Genta, G., L. Morello, F. Cavallino, & L. Filtri. 2014. *The motor car: past, present and future*. Springer Science & Business Media.

Husain, I. 2010. *Electric and Hybrid Vehicles: Design Fundamentals*: CRC Press.

Santini, D. 2011. Electric Vehicle Waves of History: Lessons Learned about Market Deployment of Electric Vehicles. *Electric Vehicles-The Benefits and Barriers*: InTech.

Westbrook, M. H. 2001. *The Electric Car: Development and future of battery, hybrid and fuel-cell cars*: IET.

03 현대적 자동차산업의 성립 – 모델 T와 대량 생산시스템

루이스(Elmer E. Lewis) 지음, 김은영 옮김. 2004. 『테크놀로지의 걸작들』. 생각의나무.

박근태. 2021. 「급진적 제품 혁신이 생산시스템에 미치는 영향 – 전기자동차 사례」. 한양대학교 대학원 경영학과 박사학위 논문.

박정규·서영호·나경연·육진범·김민수. 2015. 『자동차산업 혁신의 역사』. 현대자동차그룹 글로벌경영연구소.

위맥·존스·루스(J. P. Womack, D. T. Jones, & D. Roos) 지음, 현영석 옮김. 1990. 『생산방식의 혁명』. 5판. 기아경제연구소.

포드(H. Ford) 지음, 공병호·송은주 옮김. 1922. 『고객을 발명한 사람 헨리 포드』. 21세기북스.

Abernathy, W. J., & J. M. Utterback. 1978. "Patterns of industrial innovation." *Technology review*. 80(7). 40-47.

Alizon, F., S. B. Shooter, & T. W. Simpson. 2009. "Henry Ford and the Model T: lessons for product platforming and mass customization." *Design Studies*. 30(5). 588-605.

Boyer, R., & M. Freyssenet. 2002. *The productive models. The conditions of profitability*.

London. New York. Palgrave. 2002. 126 p.

Geels, F. W. 2005. "The dynamics of transitions in socio-technical systems: a multi-level analysis of the transition pathway from horse-drawn carriages to automobiles (1860-1930)." *Technology analysis & strategic management.* 17(4). 445-476.

Geels, F. W. 2006. "Major system change through stepwise reconfiguration: a multi-level analysis of the transformation of American factory production (1850-1930)." *Technology in Society.* 28(4): 445-476.

Genta, G., L. Morello, F. Cavallino, & L. Filtri. 2014. *The motor car: past, present and future.* Springer Science & Business Media.

Hounshell, D. 1984. *From the American system to mass production, 1800-1932: The development of manufacturing technology in the United States.* JHU Press.

Nieuwenhuis, P., & P. Wells. 2007. "The all-steel body as a cornerstone to the foundations of the mass production car industry." *Industrial and corporate change.* 16(2): 183-211.

Piore, M., & C. Sabel. 1984. *The second industrial divide: possibilities for prosperity.* New York: Basic Books.

Raff, D. 1998. "Models, trajectories and the evolution of production systems: lesson from the American automobile industry in the years between the wars," in M. Freyssenet, A. Mair, & K. Shimizu. (eds.). 1998. *One best way?: trajectories and industrial models of the world's automobile producers.* Oxford University Press. 49-60.

Tomac, N., R. Radonja, & J. Bonato. 2019. "Analysis of Henry Ford's contribution to production and management." *Scientific Journal of Maritime Research.* 33(1). 33-45.

04 자동차와 생산시스템의 발전

김진회. 2018. 『모듈화 전략』. 한언.

김철식. 2011. 『대기업 성장과 노동의 불안정화』. 백산서당.

뫼저(K. Möser) 지음, 김태희·추금환 옮김. 2002. 『자동차의 역사』. 뿌리와이파리.

박근태. 2021. 「급진적 제품 혁신이 생산시스템에 미치는 영향 – 전기자동차 사례」. 한양대학교 대학원 경영학과 박사학위 논문.

박선규. 2002. 『21세기의 자동차와 모듈혁명』. 보성각.

박정규·서영호·나경연·육진범·김민수. 2015. 「자동차산업 혁신의 역사」. 현대자동차그룹 글로벌경영연구소.

시게 고타로(Sige Kotaro) 지음, 문학훈 편역. 2015. 『자동차 해부 매뉴얼』. 골든벨.

실링(M. A. Schilling) 지음, 김길선 옮김. 2017. 『기술경영과 혁신전략』. McGraw-Hill Education.

우터백(J. Utterback) 지음, 김인수·김영배·서의호 옮김. 1994. 『기술변화와 혁신전략』. 경문사.

조형래·유정상·안연식. 2013. 『기술경영』. 학현사.

후지모토 다카히로 지음, 김기찬·고기영 옮김. 2005. 『TOYOTA 진화 능력 − 능력 구축 경쟁의 본질』. 가산출판사.

Abernathy, W. J., & J. M. Utterback. 1978. "Patterns of industrial innovation." *Technology review*. 80(7). 40-47.

Alizon, F., S. B. Shooter, & T. W. Simpson. 2009. "Henry Ford and the Model T: lessons for product platforming and mass customization." *Design Studies*. 30(5). 588-605.

Alochet, M., & C. Midler. 2018. "Focusing Electric Mobility Research on Industrialization Issues: A Renault case study." *the 26th Gerpisa International Colloquium*. Paris.

Anderson, P., & M. L. Tushman. 1991. "Managing through cycles of technological change." *Research-Technology Management*. 34(3). 26-31.

Baldwin, C. Y., & K. B. Clark. 2000. *Design rules: The power of modularity* (Vol. 1). MIT press.

Boër, C. R., P. Pedrazzoli, A. Bettoni, & M. Sorlini. 2013. *Mass customization and sustainability*. Berlin/New York: Springer.

Coletti, P., & T. Aichner. 2011. "Mass customization." In *Mass Customization* (pp. 23-40). Springer. Berlin. Heidelberg.

Da Silveira, G., D. Borenstein, & F. S. Fogliatto. 2001. "Mass customization: Literature review and research directions." *International journal of production economics*. 72(1). 1-13.

Feitzinger, E., & H. L. Lee. 1997. "Mass customization at Hewlett-Packard: the power of postponement." *Harvard business review*. 75. 116-123.

Freyssenet, M. 2009. "Conclusion: The Second Automobile Revolution − Promises and Uncertainties." in M. Freyssene(eds.). *The Second Automobile Revolution: Trajectories of the World Carmakers in the 21st Century*. Hampshire: Palgrave Macmillan.

Fujimoto, Jürgens, & Shimokawa. 1997. "Introduction." in K. Shimokawa., U. Jürgens, & T. Fujimoto(eds.). 1997. *Transforming automobile assembly*. Springer.

Henriques, F. E., & P. A. C. Miguel. 2017. "Use of product and production modularity in the automotive industry: a comparative analysis of vehicles developed with the involvement of Brazilian engineering centers." *Gestão & Produção*. 24, 161–177.

Genta, G., L. Morello, F. Cavallino, & L. Filtri. 2014. *The motor car: past, present and future*. Springer Science & Business Media.

Groover, M. P. 2016. *Automation, production systems, and computer–integrated manufacturing*. Pearson Education India.

Hu, S. J., J. Ko, L. Weyand, H. ElMaraghy, T. Lien, Y. Koren, & M. Shpitalni. 2011. "Assembly system design and operations for product variety." *CIRP Annals–Manufacturing Technology*. 60(2). 715–733.

Koren, Y. 2010. *The global manufacturing revolution: product–process–business integration and reconfigurable systems* (Vol. 80). John Wiley & Sons.

MacDuffie, J. P. 2013. "Modularity-as-property, modularization-as-process, and 'modularity' -as-frame: Lessons from product architecture initiatives in the global automotive industry." *Global Strategy Journal*. 3(1): 8–40.

Nieuwenhuis, P., & P. Wells. 2007. "The all–steel body as a cornerstone to the foundations of the mass production car industry." *Industrial and corporate change*. 16(2): 183–211.

Orsato, R. J., & Wells. P. 2007. "U–turn: the rise and demise of the automobile industry." *Journal of Cleaner Production*. 15(11–12): 994–1006.

Pandremenos, J., J. Paralikas, K. Salonitis, & G. Chryssolouris. 2009. "Modularity concepts for the automotive industry: A critical review." *CIRP Journal of Manufacturing Science and Technology*. 1(3). 148–152.

Piller, F. T. 2007. "Mass customization." In *Handbuch Produktmanagement* (pp. 941–968). Gabler Verlag. Wiesbaden.

Sako, M., & F. Murray. 2000. "Modules in Design, Production and Use: Implications for the Global Automotive Industry." Paper presented to *the 8th GERPISA international colloquium. The World that Changed the Machine: The Future of the Auto Industry for the Next Century*.

Shamsuzzoha, A., P. T. Helo, & T. Kekale. 2010. "Application of modularity in world automotive industries: a literature analysis." *International journal of automotive technology and management.* 10(4). 361-377.

Tseng et al. 2019. "Mass customization" in C. Sami, L. Luc., R. Gunther, & T. A. Tolio(Eds.). 2019. *CIRP Encyclopedia of Production Engineering.*

Utterback, J. M., & W. J. Abernathy. 1975. "A dynamic model of process and product innovation." *Omega.* 3(6). 639-656.

05 전동화 – 거스를 수 없는 대세

김현정·김홍대·반준영. 2018. 「CO₂ 규제 강화에 따른 유럽BEV시장 성장과 전망」, 『CEO Report』 2018-02(2018.1.17.). 현대자동차그룹 글로벌경영연구소.

두덴회퍼(F. Dudenhöffer) 지음, 김세나 옮김. 2017. 『누가 미래의 자동차를 지배할 것인가?』, 미래의 창.

성지영. 2022. 「글로벌 전기차 시장 MS 변화로 살펴본 국내 완성차 메이커 경쟁력 분석」. 우리금융경영연구소.

양재완. 2022.02.07. "2021년 전기차 판매 실적 분석 및 시장 동향". 한국자동차연구원.

_____. 2023.02.20. "2022년 글로벌 전기차 판매 실적 분석". 한국자동차연구원.

장문수. "2022년 하반기 산업 전망–자동차/모빌리티." (2022.05.25.) 현대차증권.

장영욱·오태현. 2021. 「EU 탄소감축 입법안('Fit for 55')의 주요 내용과 시사점」. 『세계경제포커스』 2021-4(44). 대외경제정책연구원.

환경부. 2021. 「제4차 친환경자동차 기본계획(2021~2025)."

Belzowski, B., S. Muniz, & C. Cu. 2017. "Electric Vehicle Platform Strategies by Chinese Automakers: What's Going On EV Arena In China?." Presentation for *the 25th Gerpisa International Colloquium.*

Boyer, R., & M. Freyssenet. 2017. "Is a 'second car revolution' underway? How to improve our ability to answer?." *25th Gerpisa International Colloquium.*

Calabrese, G. 2012. "Innovative Design and Sustainable Development in the Automotive Industry." *The Greening of the Automotive Industry* (pp. 13-31): Springer.

European Commission. "Make Transport Greener." (2021.07.14.) Transport Factsheet.

Freyssenet, M. 2009. "Conclusion: The Second Automobile Revolution – Promises and

Uncertainties." in M. Freyssene (eds.). *The Second Automobile Revolution: Trajectories of the World Carmakers in the 21st Century*. Hampshire: Palgrave Macmillan.

_____. 2011. "The start of a second automobile revolution: corporate strategies and public policies." *Economia e Politica Industriale*.

_____. 2012. "The Second Automotive Revolution Is Under Way: Scenarios in Confrontation." in Giuseppe Calabrese(eds.). *The Greening of the Automotive Industry*: Springer.

IEA. *Global Electric Vehicle Outlook*. (2017. 2018. 2021. 2022.)

Santini, D. 2011. "Electric Vehicle Waves of History: Lessons Learned about Market Deployment of Electric Vehicles." *Electric Vehicles-The Benefits and Barriers*: InTech.

Zechun, Hu. 2017. "Overview of Renewable Energy & Electric Vehicle Development in China." *IEVE*.

이용상. "'전기차, 전기차 그리 외치더니…' 유럽서 부는 회의론." (2022.07.27.) 국민일보. https://news.v.daum.net

유재형. "확 달라진 중국 전기차가 몰려온다!" 〔유재형의 하이빔〕 31. 오토다이어리.

ACEA. "Average CO_2 emissions of new cars in the EU, 2010-2020 trend." (2121.10.18.) https://www.acea.auto

_____. "New passenger cars in the EU by emissions classes." (2121.10.18.) https://www.acea.auto

_____. "CO_2 emissions from car production in the EU." (2121.10.20.) https://www.acea.auto

NHTSA. https://www.nhtsa.gov (2022.03.31.)

VW. "5-Year Planning Round 2022-2026." (2021.12.10.)

VW. "Leading the Transformation." (2022.01.13.)

06 전기자동차

권성욱. 2016. 「주요 완성차업체의 차세대 전기차 플랫폼 전략」. 『CEO Report』. 현대자동차그룹 글로벌경영연구소.

두덴회퍼(F. Dudenhöffer) 지음, 김세나 옮김. 2016. 『누가 미래의 자동차를 지배할 것인가』. 미래의 창.

뫼저(K. Möser) 지음, 김태희·추금환 옮김. 2002. 『자동차의 역사』. 뿌리와이파리.

박근태. 2021. 「급진적 제품 혁신이 생산시스템에 미치는 영향-전기자동차 사례」. 한양대학교 대학원 경영학과 박사학위 논문.

복득규·임영모·박성배·정호성. 2008. 『글로벌 네트워크형 산업모델의 부상과 시사점』. SERI 연구보고서. 삼성경제연구소.

울리크·에핀저(K. T. Ulrich & S. D. Eppinger) 지음, 홍유석·강창묵·곽민정 옮김. 2017. 『제품 개발 프로세스』. McGraw Hill Education.

장재룡·김재훈·박연희. 2018. "전동화와 고급차시장 진입장벽 완화." 『CEO Report』. 현대자동차그룹 글로벌경영연구소.

후지모토 다카히로 지음, 박정규 옮김. 2004. 『모노즈쿠리』. 월간조선사.

후지모토 다카히로 지음, 김기찬·고기영 옮김. 2005. 『TOYOTA 진화능력 – 능력구축경쟁의 본질』. 가산출판사.

후지모토·도쿄대학 모노즈쿠리 경영연구센터 지음, 고기영·이형오·이창표 옮김. 2007. 『모노즈쿠리 경영학』. 대림인쇄.

히노 지음, 김동환·홍덕진·이수정 옮김. 2010. 『모듈러 디자인』. 지민컨설팅.

Bainée. J. 2012. "Véhicule électrique et approche modulaire." *the 20th Gerpisa International Colloquium*.

Baldwin, C. Y., & K. B. Clark. 1997. "Managing in an age of modularity." *HARVARD BUSINESS REVIEW*. SEP-OCT 75(5). 84-93.

Baldwin, C. Y., & K. B. Clark. 2000. *Design rules: The power of modularity* (Vol. 1). MIT press.

Cabigiosu, A. 2013. "The impact of electric motorizations on car architecture and supply chain relationships within the automotive industry." in Stocchetti. A., G. Trombini, & F. Zirpoli. *Automotive in transition. Challenges for strategy and policy*. Edizioni Ca' Foscari, Venezia.

Freyssenet, M. 2009. "Conclusion: The Second Automobile Revolution-Promises and Uncertainties." in M. Freyssene (eds.). *The Second Automobile Revolution: Trajectories of the World Carmakers in the 21st Century*. Hampshire: Palgrave Macmillan.

Fujimoto, T. 2007. "Architecture-based comparative advantage-a design information view of manufacturing." *Evolutionary and Institutional Economics Review*. 4(1), 55-112.

Fujimoto, T. 2017. "An architectural analysis of green vehicles–possibilities of technological, architectural and firm diversity." *International Journal of Automotive Technology and Management*. 17(2): 123–150.

Hounshell, D. 1984. *From the American system to mass production, 1800–1932: The development of manufacturing technology in the United States*: JHU Press.

Klug, F. 2013. "How electric car manufacturing transforms automotive supply chains." Paper presented at *the 20th EurOMA Conference*.

Luccarelli, M., D. Matt, & P. R. Spena. 2015. "Modular architectures for future alternative vehicles." *International Journal of Vehicle Design*. 67(4): 368–387.

MacDuffie, J. P. 2013. "Modularity-as-property, modularization-as-process, and 'modularity'-as-frame: Lessons from product architecture initiatives in the global automotive industry." *Global Strategy Journal*. 3(1): 8–40.

Orsato, R. J., & P. Wells. 2007. "U-turn: the rise and demise of the automobile industry." *Journal of Cleaner Production*. 15(11–12): 994–1006.

Pandremenos, J., J. Paralikas, K. Salonitis, & G. Chryssolouris. 2009. "Modularity concepts for the automotive industry: A critical review." *CIRP Journal of Manufacturing Science and Technology*. 1(3): 148–152.

Rivero, A. A. L. 2014. "From complex mechanical system to complex electronic system: the case of automobiles." *International Journal of Automotive Technology and Management*. 14(1): 65–81.

Sako, M., & F. Murray. 2000. "Modules in Design, Production and Use: Implications for the Global Automotive Industry." Paper presented to *the 8th GERPISA international colloquium. The World that Changed the Machine: The Future of the Auto Industry for the Next Century*.

Ulrich, K. 1995. "The role of product architecture in the manufacturing firm." *Research policy*. 24(3): 419–440.

Yin, Y., K. E. Stecke, & D. Li. 2018. "The evolution of production systems from Industry 2.0 through Industry 4.0." *International Journal of Production Research*. 56(1–2): 848–861.

김진성·박재홍·김경호·강태욱. 2015. 『주요 완성차업체의 경량화 전략 분석 2-업체별 경량화 전략 및 조달 분석』. 연구프로젝트 2015-11. 한국자동차산업연구소.

박경현. 2015. 『자동차 경량화와 국내 경량소재산업 이슈-② 탄소섬유/CFRP』. 한국자동차산업연구소.

박근태. 2021. 「급진적 제품 혁신이 생산시스템에 미치는 영향-전기자동차 사례」. 한양대학교 대학원 경영학과 박사학위 논문.

성시영. 2015. 「BMW i3 Teardown Benchmark」. 한국자동차공학회 Workshop. pp. 47~61.

시게 고타로(Sige Kotaro) 지음, 문학훈 편역. 2015. 『자동차 해부 매뉴얼』. 골든벨.

에리케스·모렐·물리에흐·셰퍼(Mauro Erriquez, Thomas Morel, Pierre-Yves Mouliere & Philip Schafer). 「10종 전기차에서 배워야 할 것」. 『Automotive Electronics』. 2018년 1~2월호.

장재룡·김재훈·박연희. 2018. 「전동화와 고급차시장 진입장벽 완화」. 『CEO Report』. 2018-15. 현대자동차그룹 글로벌경영연구소.

한국자동차산업협회. 2021. "2021년 주요국 전기동력차 보급현황 분석".

AlixPartners. 2017. *Automotive Study 2017 - European version*.

BMW. 2011a. "Unique Driving Pleasure in a Premium Compact Car-THE BODY OF THE NEW BMW 1 SERIES." *EuroCarBody 2011. 13th Global Car Body Benchmarking Conference*. Bad Nauheim.

_____. 2011b. "BMW 1 series Benchmarking data summary." *EuroCarBody 2011. 13th Global Car Body Benchmarking Conference*. Bad Nauheim.

_____. 2012. "THE NEW 3 SERIES - THE BODY OF THE NEW BMW 3 SERIES." *EuroCarBody 2012. 14th Global Car Body Benchmarking Conference*. Bad Nauheim.

_____. 2013a. "THE BMW i3." *EuroCarBody 2013. 15th Global Car Body Benchmarking Conference*. Bad Nauheim.

_____. 2013b. "BMW i3 Benchmarking data summary." *EuroCarBody 2013. 15th Global Car Body Benchmarking Conference*. Bad Nauheim.

_____. 2013c. BMW i3 Production - Part 1~4. BMW i3 생산과정 영상 시리즈 01~20(BMW media 공개).

_____. 2014. "THE BMW i8." *EuroCarBody 2014. 16th Global Car Body Benchmarking*

Conference. Bad Nauheim.

BMW UK. 2013. "THE NEW BMW i3."

Ford. 2017. *CEO Strategic Update.* (2017.10.3.)

Hummel. P., D. Lesne, J. Radlinger., C. Golbaz., C. Langan., K. Takahashi, & M. Mittermaier. 2017. *UBS Evidence Lab Electric Car Teardown-Disruption Ahead. UBS report.* Basel.

ING. 2017. *EBZ-breakthrough of electric vehicle threatens European car industry.*

이상재. "공해 줄인 i3 전기차. 풍력으로 생산라인 돌려." (2014.03.31.) 중앙일보.

BMW 3 시리즈 생산 영상(https://www.youtube.com)

Ingram, A. "BMW's UK MINI E Test Ends: Drivers Happy, But...." *GREEN CAR REPORTS.* (2011.8.15.) https://www.greencarreports.com

McGee, P. "Electric cars' green image blackens beneath the bonnet." *Financial Times.* (2017.11.8.)

Muller, J. "Unlocking the Secrets Of BMW's Remarkable Car Of The Future." *Forbes.* (2015.1.4.) www.forbes.com/sites/joannmuller

Sloan, J. "BMW Leipzig: The epicenter of i3 production." *Composites Technology.* (2014.5.31.) www.compositesworld.com/articles

_____. "Molding i3 body panels." *Composites World.* (2014.5.31.) www.compositesworld.com/articles

Vasilash, G. S. "The BMW i3: Deconstructed." *Automotive Design & Production.* (2015.3.2.) www.adandp.media/articles

Voelcker, J. "Mini E Drivers Mostly Happy; Cold Weather, Service Problematic." *GREEN CAR REPORTS.* (2010.1.26.) https://www.greencarreports.com/news

Voelcker, J. "Mini E Drivers Study: Some Caveats On Electric-Car Happy News." *GREEN CAR REPORTS.* (2011.1.15.) https://www.greencarreports.com/news

08 고전압 배터리-전기자동차의 심장

박형근. 2021. 「테슬라 버티컬(상): 혁신의 상징 '테슬라 플랫폼'」. 『POSRI 이슈리포트』.

산업통상자원부. 2021. 『2030 이차전지 산업(K-Battery) 발전 전략』.

신유리. 2021. 「전기자동차용 이차전지의 시장 트렌드 및 기술 개발 동향」. KDB 산업은행.

장병훈·배기원. 2022. 『국제경제리뷰』. 「글로벌 친환경차 시장 동향 및 특징」. 한국은행.

키움증권 리서치센터. 「배터리 백서: 로드맵과 생태계」. (2021.10.06.)

Citi. 2021. "Electric Vehicle Transition: EVs Shifting from Regulatory- to Supply Chain-Driven Disruption." Citi Global Perspectives & Solutions.

USGS(United States Geological Survey). 2022. *Mineral Commodity Summaries 2022*.

김성은. "'원자재가 상승 4년 더 간다…' 전기차 대중화, '가격 허들' 만났다". (2022.04.13.) 매일경제. https://news.mt.co.kr.

삼성SDI. "리튬이온 배터리의 4대 요소." (2018.01.18.) https://www.samsungsdi.co.kr/column

아이뉴스24. "[e돋보기] 배터리관리시스템(BMS)." (2015.11.28.) https://www.inews24.com/view

테슬라(Tesla). "Battery day Keynote." (2020.12.22.) https://www.tesla.com

폭스바겐(VW). "Volkswagen Group Presentation – Battery Strategy."(2021.11.04.) https://www.volkswagenag.com

한국전지산업협회. http://www.k-bia.or.kr/openTechKnow.do

해시넷. "파일:리튬이온 배터리와 전고체 배터리.png." http://wiki.hash.kr/index.php

Agatie., C. "Giga Texas Cyber Rodeo: Tesla Debuts Model Y SR AWD With 4680 Structural Battery." *Autoevolution*. (2022.04.08.) https://www.autoevolution.com/news

09 전기자동차는 친환경인가?

김희영. 2022. 「전기차 배터리 재활용 산업 동향 및 시사점: 중국 사례 중심으로」. 『Trade Focus』. 2022년 11호. 국제무역통상연구원.

박수항. 2021. 「탄소중립, 이차전지도 피해갈 수 없다」. 『POSRI 이슈리포트』.

엄이슬·김나래. 2022. 「배터리 순환경제, 전기차 폐배터리 시장의 부상과 기업의 대응 전략」. 삼정KPMG 경제연구원.

제주연구원. 『제주 EV Report』. 2017. 06.

현대자동차. 2022. 『2022년 현대자동차 지속가능성 보고서』.

AQEG(AIR QUALITY EXPERT GROUP). 2019. *Non-Exhaust Emissions from Road Traffic*.

Dunn, J. B., L. Gaines, J. C. Kelly, C. James, & K. G. Gallagher. 2015. "The Significance of Li-Ion Batteries in Electric Vehicle Life-Cycle Energy and Emissions and

Recycling's Role in Its Reduction." *Energy and Environmental Science*. vol. 8. p. 158. as updated by the authors in 2019 using the U.S. Department of Energy, Argonne National Laboratory (ANL), GREET® 2018 dataset.

Hans Eric Melin. 2019. *State-of-the-art in reuse and recycling of lithium-ion batteries – A research review.*

Philippot, M., G. Alvarez, E. Ayerbe, J. Van Mierlo, & M. Messagie. 2019. "Eco-efficiency of a lithium-ion battery for electric vehicles: Influence of manufacturing country and commodity prices on ghg emissions and costs." *Batteries*. 5(1), 23.

Lattanzio, R. K., & C. E. Clark. 2020. *Environmental Effects of Battery Electric and Internal Combustion Engine Vehicles.* CRS Report.

Liu, Y., H. Chen, J. Gao, Y. Li, K. Dave, J. Chen, & G. Perricone. 2021. "Comparative analysis of non-exhaust airborne particles from electric and internal combustion engine vehicles." *Journal of Hazardous Materials*. 420.

Timmers, V. R., & P. A. Achten. 2018. "Non-exhaust PM emissions from battery electric vehicles." Non-exhaust emissions. 261-287.

Transport & Environment. 2020. *How clean are electric cars? T&E's analysis of electric car lifecycle CO_2 emissions.*

afdc.energy.gov(미국 에너지부 대안연료데이터센터). "How Do Gasoline Cars Work?," "How Do All-Electric Cars Work?" https://afdc.energy.gov

Platform for Electromobility. 2020. "Electric Vehicle Batteries Frequently Asked Questions (FAQ)." https://www.motus-e.org/wp-content

맺는 글

구상. 2022. 「목적 기반 차량(PBV)과 선호 기반 차량(PBV)의 디자인 특성 요소 고찰」. 『한국자동차공학회논문집』. 30(5). 379-390.

김용원. 2020. 「미래차 전환 대응 실태 평가와 과제」. 자동차산업연합회. 제10회 산업발전포럼.

김현정·반준영. 2017. 「테슬라 효과가 고급차시장에 미친 영향」. 『CEO Report』. 2017-20. 현대자동차그룹 글로벌경영연구소.

모리스(C. Morris) 지음, 엄성수 옮김. 2015. 『테슬라 모터스』. 을유문화사.

박근태. 2021. 「급진적 제품 혁신이 생산시스템에 미치는 영향-전기자동차 사례」. 한양대학교 대학원 경영학과 박사학위 논문.

박수항. 2022. 「친환경소재 패러독스 – LCA 역풍을 우려하는 자동차 경량 소재」. 『POSRI 이슈리포트』.

삼정KPMG 경제연구원. 2018. 「미래 자동차 권력의 이동」. Samjong INSIGHT Vol.56.

자동차노사정포럼. 2020. 『자동차부품산업 실태조사』.

Bernhart, W., J.-P. Hasenberg, J. Karlberg, M. Winterhoff. 2018. "A New Breed of Cars: Purpose-Built Electric Vehicles for Mobility on Demand." Roland Berger.

Buvat & KVJ. 2014. "Tesla Motors: A Silicon Valley Version of the Automotive Business Model." Capgemini Consulting.

Dorynek, M., L.-T. Derle, M. Fleischer, A. Thanos, P. Weinmann, M. Schreiber, S. Schumann, T. Tunc, K. Bengler. 2022. "Potential Analysis for a New Vehicle Class in the Use Case of Ride-Pooling: How New Model Developments Could Satisfy Customers and Mobility Makers?". *Vehicles* 2022(4). 199–218.

PwC. 2018. "Transforming vehicle production by 2030: How shared mobility and automation will revolutionize the auto industry?"

_____. 2020. "자동차 산업." Samil Insights. Oct 2020.

김준형. "[오토 인사이드] PBV 목적기반 모빌리티 10문 10답." (2022.04.16.) 이투데이. https://www.etoday.co.kr

오현우. "아마존 배송 전용 전기차, 美 10개 도시서 첫 운행." (2022.07.22.) 한국경제. https://www.hankyung.com

AXIOS. "Amazon's new electric Rivian delivery trucks hit the road." (2022.07.21.) https://www.axios.com

BUSINESS WIRE. "Amazon's Custom Electric Delivery Vehicles from Rivian Start Rolling Out Across the U.S." (2022.07.21.) https://www.businesswire.com

GreenBiz. "Rivian's new chapter with Amazon officially begins." (2022.07.26.) https://www.greenbiz.com

Munro Live. "A Look Inside Rivian's Electric Delivery Vehicle (EDV) for Amazon Last Mile Delivery." (2022.07.26.) https://www.youtube.com

TESLARATI. "Rivian Amazon delivery vans delivered more than 430k packages during pilot program." (2022.08.11.) https://www.teslarati.com

◆ 그림 출처

- 자유 이용 저작물에 대해서는 따로 표기하지 않았다.

그림 1-1 Thesupermat/ https://commons.wikimedia.org, cc by-sa 3.0

그림 1-2 Chris Allen/ https://commons.wikimedia.org, cc by-sa 2.0

그림 1-3 Thesupermat/ https://commons.wikimedia.org, cc by-sa 4.0

그림 1-4 Groningen University Museum/ https://www.rug.nl/museum

그림 1-5 Jacques CATTELIN/ https://commons.wikimedia.org, cc by-sa 4.0

그림 3-3 워맥 등(1990), Genta et al.(2014), Nieuwenhuis & Wells(2007), Piore & Sabel(1984) 참조하여 저자 작성

그림 3-4 Jackdude101/ https://commons.wikimedia.org, cc by-sa 4.0

그림 3-6 The Collections of The Henry Ford

그림 3-7 Lars-Göran Lindgren/ https://commons.wikimedia.org, cc by-sa 4.0

그림 3-8 I, Lglswe/ https://commons.wikimedia.org, cc by-sa 3.0

그림 3-9~13 The Collections of The Henry Ford

그림 3-14 워맥 등(1990), Hounshell(1984) 참조하여 저자 작성

그림 3-15 Tomac et al.(2019: 38), Hounshell(1985: 224) 참조하여 저자 작성

그림 3-16 Nieuwenhuis & Wells(2007: 198), Hounshell(1985: 224) 참조하여 저자 작성

그림 4-1 뫼저(2002), Nieuwenhuis & Wells(2007) 참조하여 저자 작성

그림 4-2 Alizon et al.(2009), Nieuwenhuis & Wells(2007) 참조하여 저자 작성

그림 4-3 시게 고타로(2015), Alochet & Midler(2018) 참조하여 저작 작성

그림 4-4 Fujimoto et al.(1997), Hu et al.(2011) 참조하여 저자 작성

그림 5-1~3 ACEA, 참조하여 저자 작성

그림 5-4 European Commission(2021.07.14.)

그림 5-5 https://theicct.org/ice-phase-outs

그림 5-6~7 양재완 (2023.02.07., 2023.02.20.)참조하여 저자 작성

그림 6-1, 9-3 https://afdc.energy.gov/vehicles/how-do-gasoline-cars-work

그림 6-2 후지모토(2005) 등 참조하여 저자 작성

그림 6-3 후지모토·도쿄대학 모노즈쿠리 경영연구센터(2007) 등 참조하여 저자 작성

그림 6-4 Fujimoto(2007) 수정 인용

그림 7-1~2 BMW UK(2013)

그림 7-3 EuroCarBody, BMW(2013a)

그림 7-4 EuroCarBody, BMW(2013a), 박경현(2015) 참조하여 저자 작성

그림 7-5 EuroCarBody, BMW(2011a, 2013a)

그림 7-6 EuroCarBody, BMW(2011a; 2012)

그림 7-7 EuroCarBody, BMW(2014)

그림 7-8~9 EuroCarBody, BMW(2013a)

그림 7-10 EuroCarBody, BMW(2013a) 참조하여 저자 작성

그림 7-11 BMW 3 시리즈 생산 영상(https://www.youtube.com/watch?v=4g8ES0jGr8c)
    참조하여 저자 작성

그림 7-12 BMW(2013a; 2013c) 참조하여 저자 작성

그림 7-13 BMW(2013c). BMW i3 Production-Part 1~ 4

그림 8-1 Citi(2021) 수정 인용, 저자 작성

그림 8-2 한국전지산업협회

그림 8-4 삼성SDI 참조하여 저자 작성

그림 8-5 SNE Research(키움증권 리서치센터 재인용) 참조하여 저자 작성

그림 8-7 https://premium.chosun.com

그림 8-8 한국전기연구원

그림 8-10 아이뉴스24(2015.11.28. KISTI) 수정하여 저자 작성

그림 8-11~2 Tesla 발표 자료 참조

그림 8-13 https://www.autoevolution.com

그림 8-14 Tesla 발표 자료 참조

그림 8-16 USGS(2022, 2021년 기준) 자료 참조

그림 8-17 SNE리서치[매일경제(2022.04.13.)에서 재인용] 참조하여 저자 작성

그림 8-18~19 산업통상자원부(2021, 2020년 기준) 자료 참조하여 저자 작성

그림 8-20 SNE리서치 참조하여 저자 작성

그림 9-4 Argonne National Lab, NCM523 기준〔박수항(2021)에서 재인용〕 참조하여 저자 작성

그림 9-5 Platform For Electromobility(2020)

그림 9-6~7 Philippot et al.(2019). *Batteries*. 5(1), 23.

그림 9-8~9 AQEG(AIR QUALITY EXPERT GROUP). 2019. Non-Exhaust Emissions from Road Traffic

그림 9-10 Transport & Environment. 2020. How clean are electric cars? T&E's analysis of electric car lifecycle CO_2 emissions.

그림 9-11 현대자동차. 2022. 『2022년 현대자동차 지속가능성 보고서』 참조하여 저자 작성

그림 9-12 제주연구원. 『제주 EV Report』(2017. 06.) 참조하여 저자 작성